asterios agkathidis 편집 / 조순익 옮김

디자인과 건축에서의 디지털 제조

design and architecture digital manufacturing

Spacetime

교차부재 생성 cross segmentation

축적 accumulation

얼개 frameworks

고리 loops

접기 foldings

에세이 essays

차례 content

004 서론 introduction
008 교차부재 생성 intersected frameworks
014 알고리듬에 의한 교차 프레이밍 algorithmic cross-framing
024 메타 볼 meta balls
028 뼈대 구조 bone structure
038 불규칙적 삼각화 irregular triangulation
044 등변 삼각화 equilateral triangulation
050 둥그스름해진 삼각형들 rounded triangles
056 튜브 프레임 구조 tubular framework
060 이중 커브 프레임 double-curved frames
064 나무 구조 tree structure
074 삼중 순환 고리 triple loop
078 파라미터화된 고리 parametrized loop
086 아치형 고리 arch-loop
094 교차 면 접기 cross facetation
100 포개기 convolution
104 물고기 뼈대 fish bone
108 파라메트릭 물고기 뼈대 parametric fish bone
112 폴드웨어 foldware
118 디자인에서 생산으로 from Design to Production
122 숫자들과 장미들의 중요성에 관하여 on the Importance of Numbers and Roses
126 완전히 가구화되기 Fully Furnished
130 디지털 제조와 지속가능성 Digital Manufacturing and Sustainability
134 제작 정보 credits

서론 Introduction

이 책은 새로운 컴퓨터 보조 설계 및 디지털 제조 기법들의 도입으로 디자인과 건축에서 떠오르고 있는 가능성들을 살펴본다. 이 책에 나오는 스터디들은 디지털적으로 개념화된 구조들을 1:1 실물 프로토타입들로 변환하고 실현하는 데에 초점을 맞추며 단순한 기하학을 넘어서길 시도한다. 설계 및 생산 단계 동안에는 제조 기법과 생산 비용에 대한 기능과 재료 특성과 같은 파라미터들을 고려해야 한다. 생성적인 CAD 툴들, 알고리듬, 그리고 스크립팅 프로그램들은 단순히 디자인 요소들로서만이 아니라, 주로 복잡한 기하형상들의 생산 과정을 합리화하고 체계화하는 데에 도움을 주는 장치들로서 사용되었다.

여기서 보여주는 구성물들은 결코 대량 생산할 준비가 된 완벽히 마무리된 오브제들을 가장하지 않는다. 비록 많은 경우 그것들을 완성작으로 읽고 싶은 유혹이 들긴 하지만 말이다. 사실 이 스터디들이 성공했는지 실패했는지는 독자가 판단할 몫으로 남아있다. 게다가, 그것들은 개발 단계에 초점을 맞추고 형태와 재료, 그리고 생산의 관계를 시험하는 실험들로서 제시된다. 여러 다른 건축적 스케일 속에서의 시공이나 디테일 원리들, 혹은 디자인 제안들에 적용될 잠재성은 열린 채로 남아있다. 한 학기 동안 일어난 통찰들을 이 선집에 모으면서, 이런 실험적 접근에 사용된 다섯 가지 생산 기법들인 교차부재 생성(cross segmentation)과 축적(accumulation), 얼개(frameworks), 고리(loops), 그리고 접기(foldings)를 강조하였다.

이 선집에 포함된 모든 스터디들은 다름슈타트 공과대학교 건축학부(Technische Universität Darmstadt, Faculty of Architecture)에서 아스테리오스 아그카티디스가 주최한 "아날로그-디지털" 세미나 동안 이루어졌다.* 묘사되는 절차는 미래의 건축가들과 디자이너들에게 CAD/CAM 기법 및 제조과정에 있어서의 기회와 도전과제, 그리고 문제점들을 소개하기 위한 하나의 대안적인 방법론으로서 제시된다.

2010년 프랑크푸르트 암 마인에서, 아스테리오스 아그카티디스(Asterios Agkathidis)

** 한 학기 동안 에콘(EKON) 학부[학장: 모리츠 하우실트(Moritz Hauschild)]에서 아날로그-디지털 세미나가 열렸다.*

교차부재 생성 cross segmentation

교차부재 생성 intersected frameworks

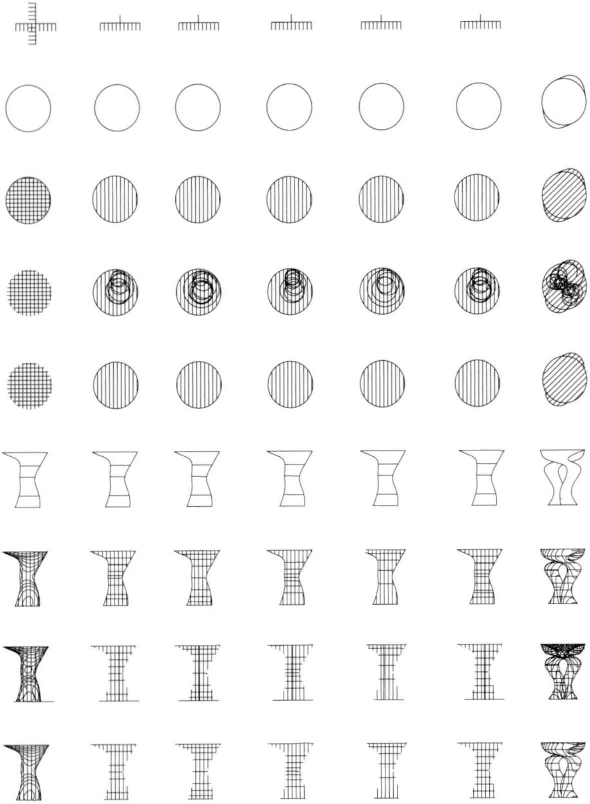

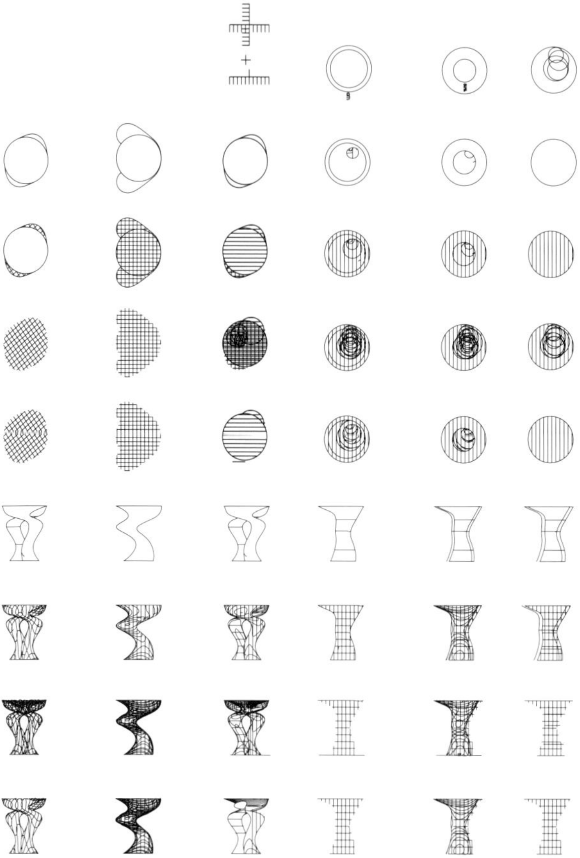

커피 테이블 프로토타입
제조 기법: 레이저 절단, 끼우기
자재: 4mm MDF 보드들, 2mm 플렉시글래스 판

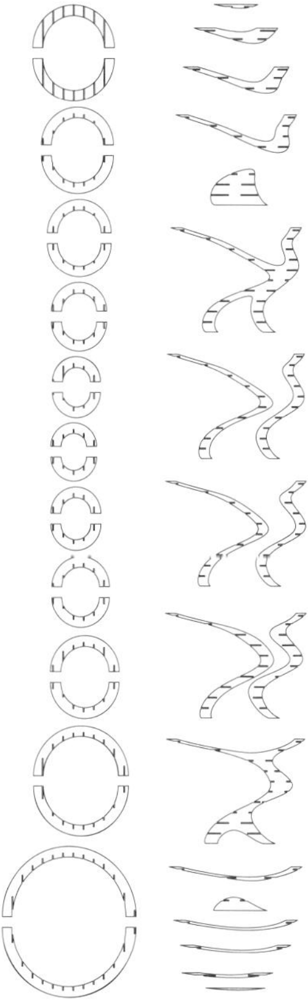

알고리듬에 의한 교차 프레이밍 algorithmic cross-framing

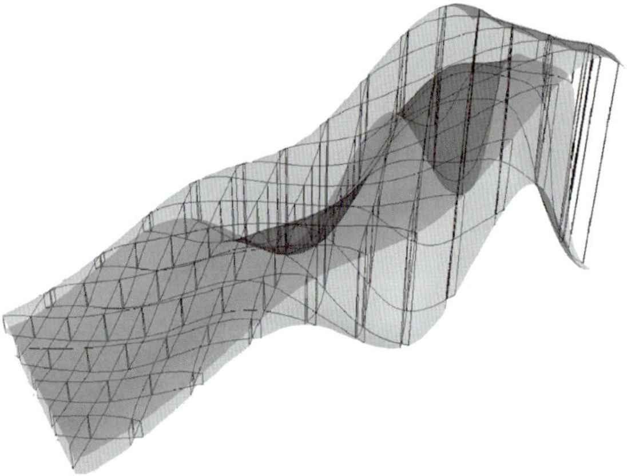

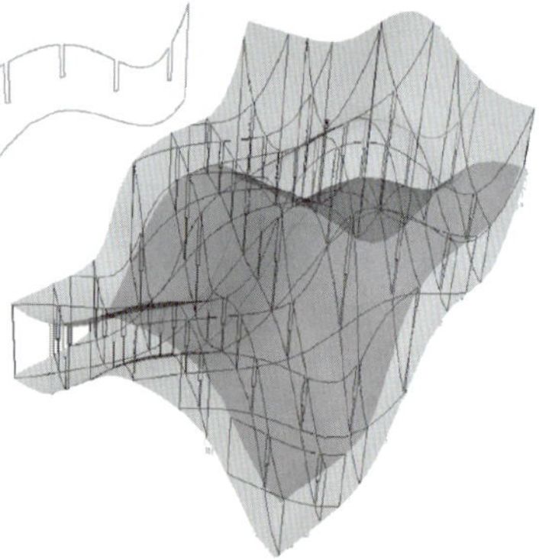

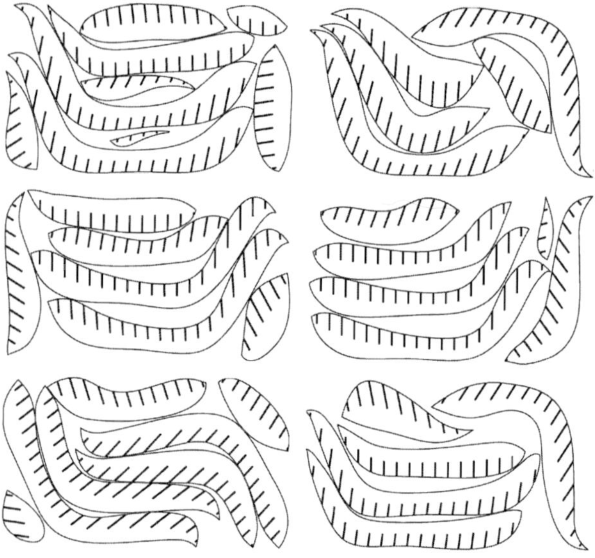

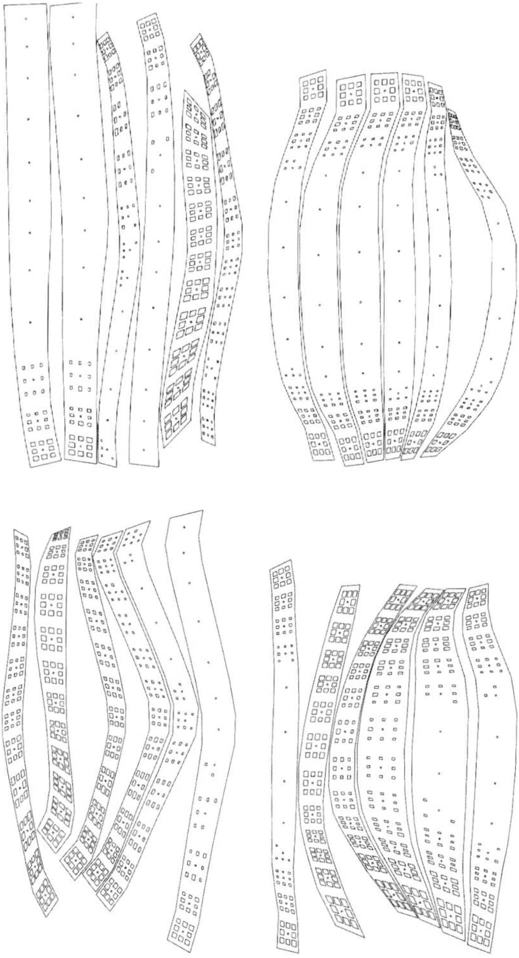

휴게 의자 프로토타입

제조 기법: 레이저 절단, 끼우기

재료: 5mm MDF 보드들

착석용 매트 상감 프로토타입
제조 기법: 레이저 절단, 엮기
재료: 2mm 모직 펠트

축적 accumulation

메타 볼 meta-balls

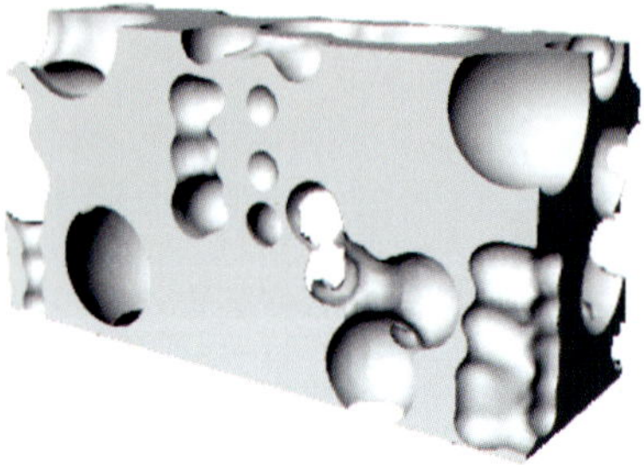

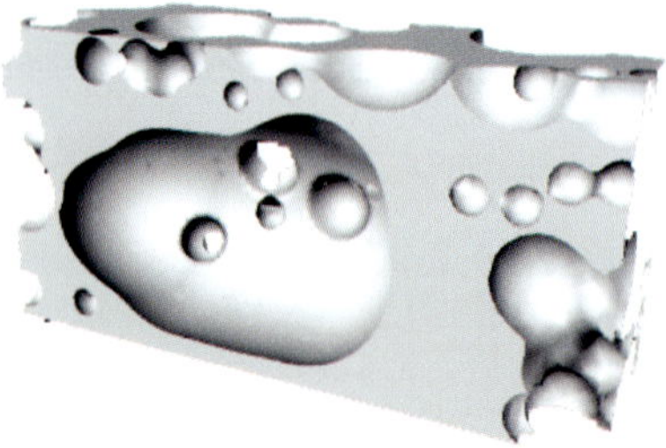

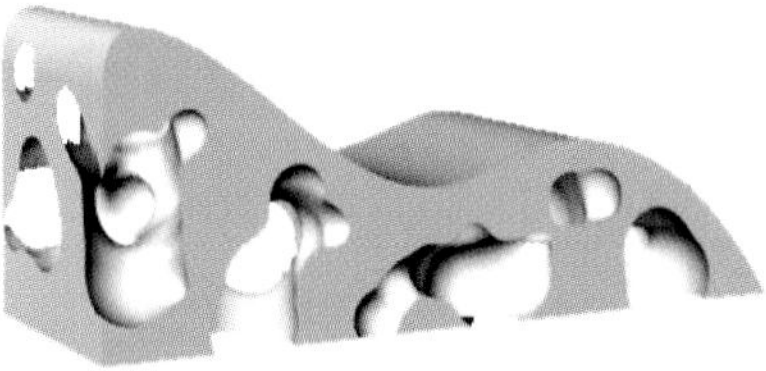

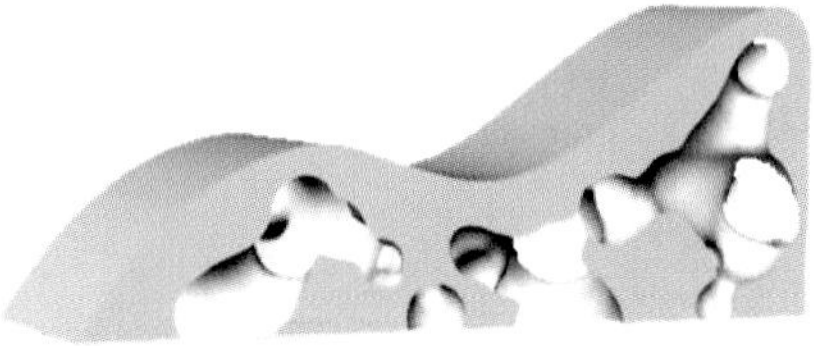

스위스 치즈: 의자 프로토타입
제조 기법: 레이저 절단, 겹치기
재료: 5mm MDF 보드들

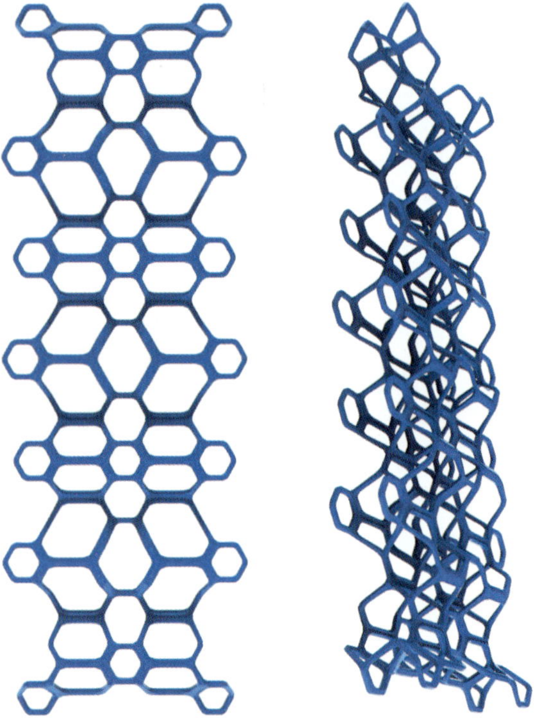

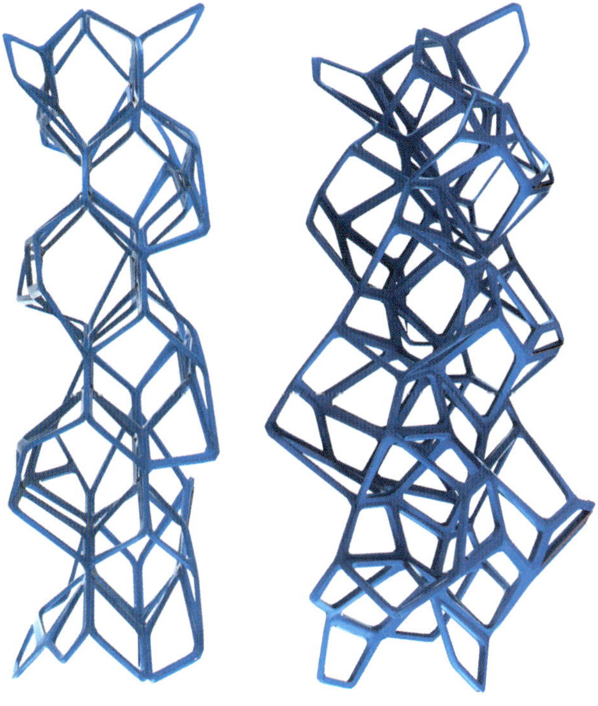

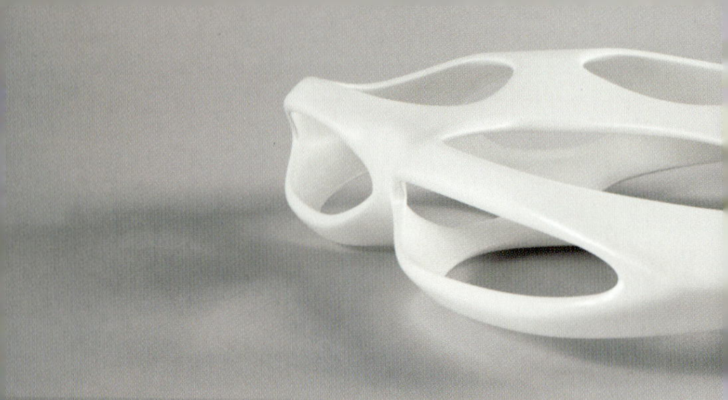

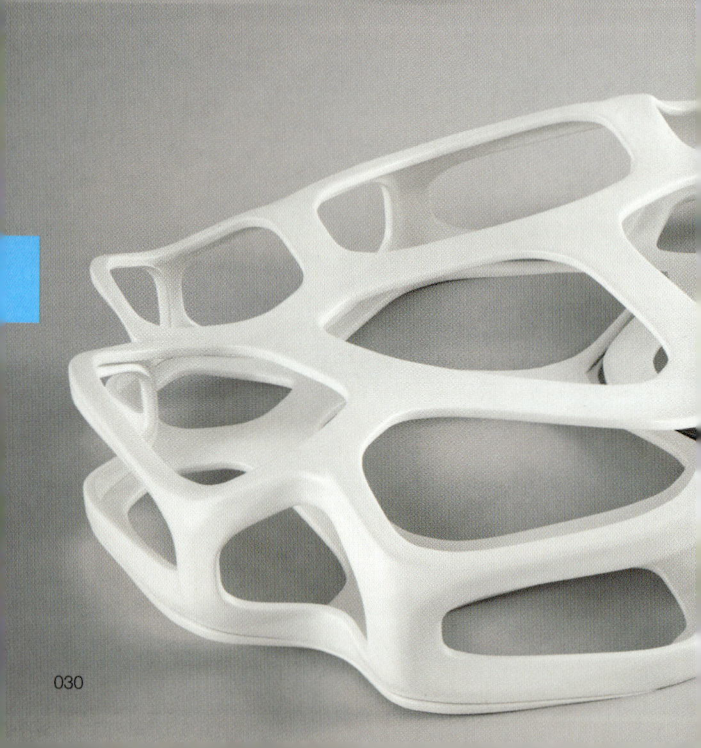

결합형 뼈대 유닛 / 뼈대 클러스터

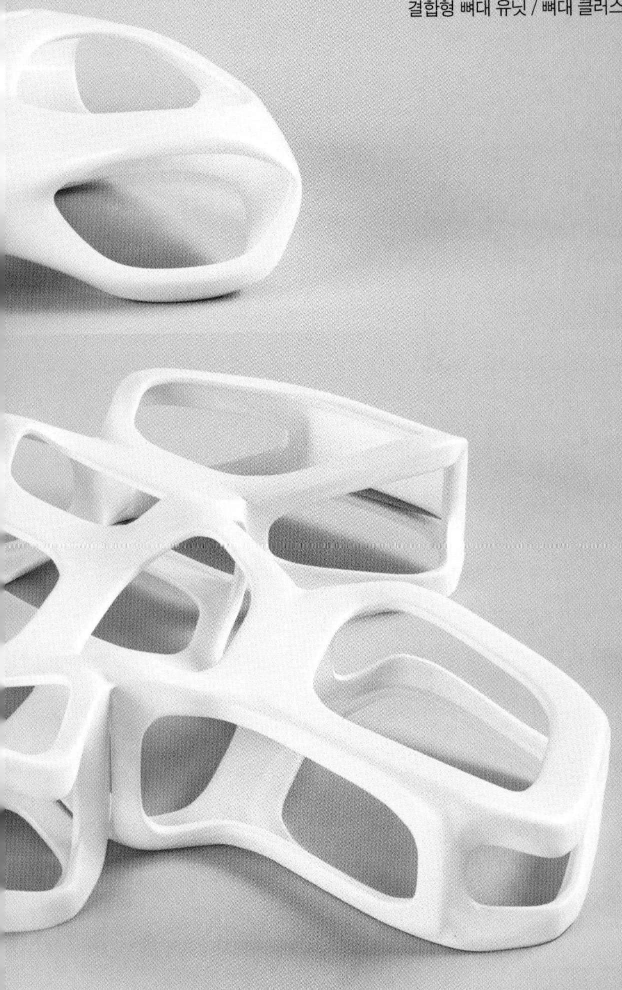

뼈대 구조 프로토타입
제조 기법: 레이저 절단, 겹치기
재료: 6mm MDF 보드들

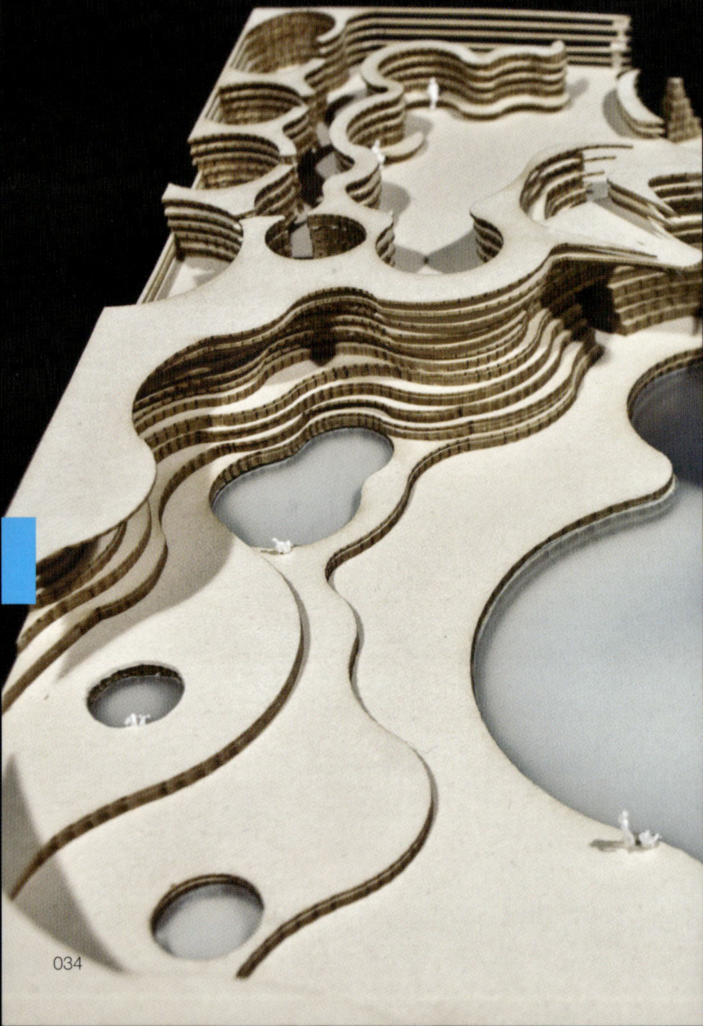

얼개 frameworks

불규칙적 삼각화 irregular triangulation

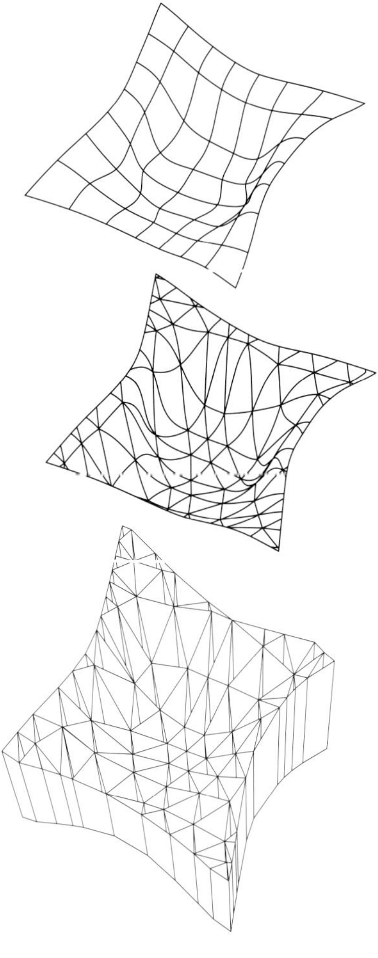

의자 프로토타입
제조 기법: 레이저 절단, 접착
재료: 2mm 종이보드(paperboard)

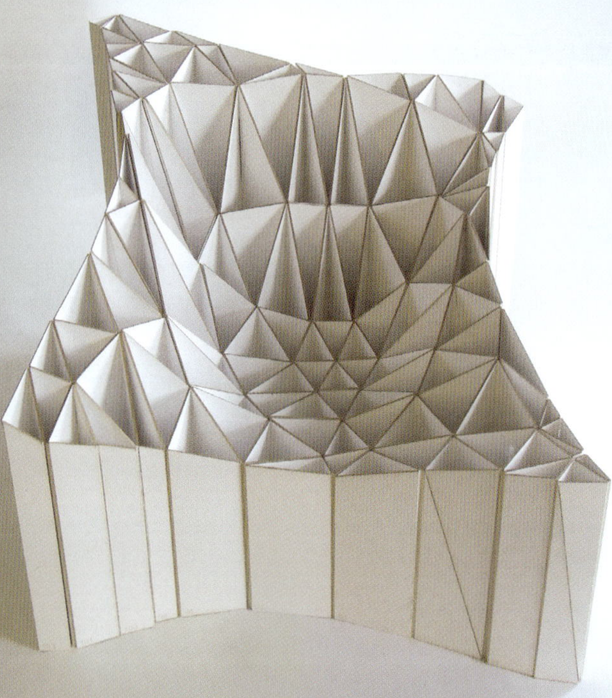

펼친 프레임들의 패널화

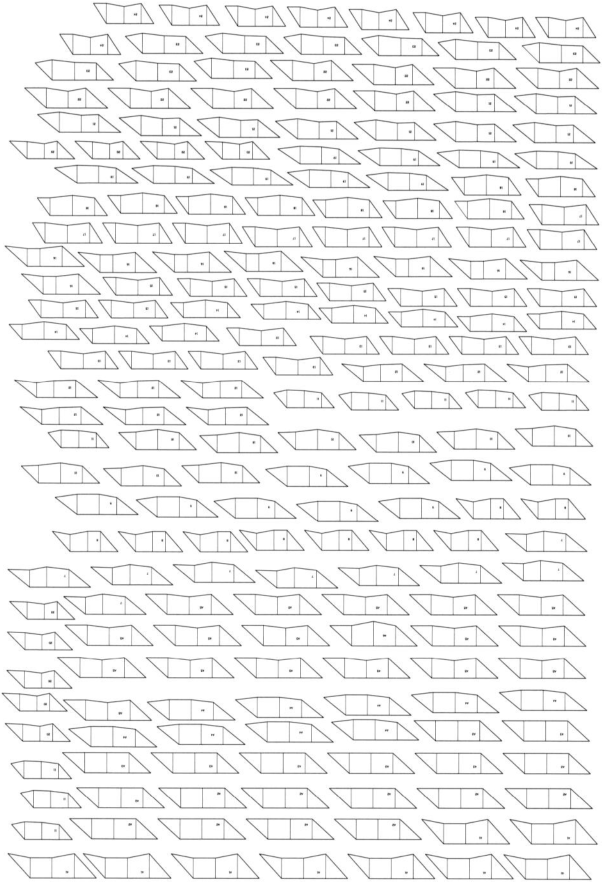

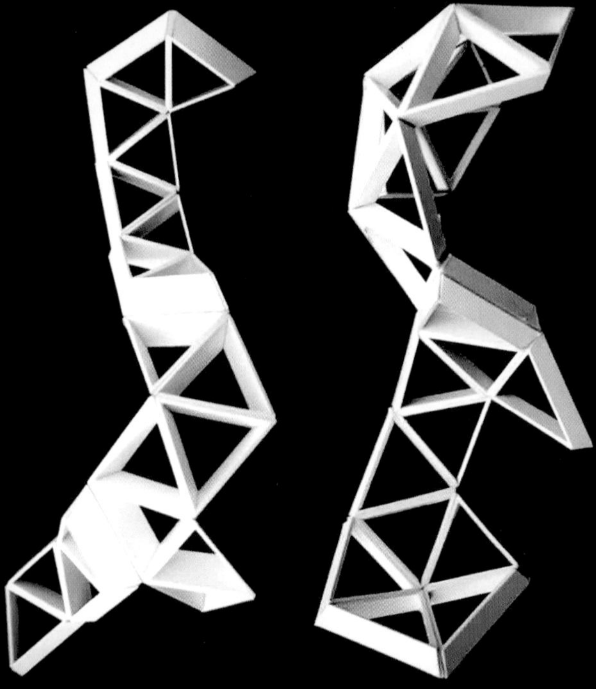

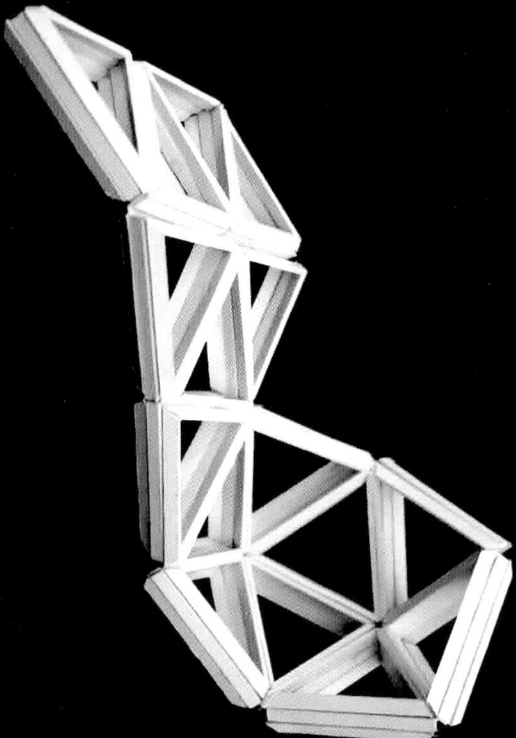

벤치 프로토타입
제조 기법: 톱질, 나사 조임
재료: 35×70mm 각목들

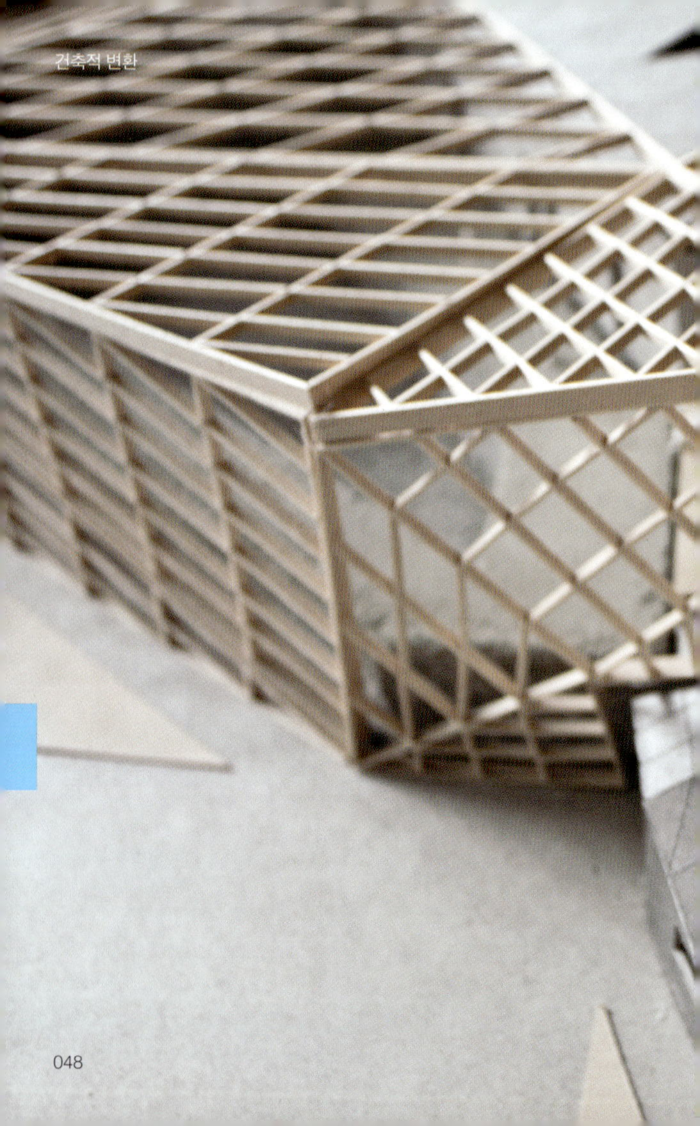

둥그스름해진 삼각형들 rounded triangles

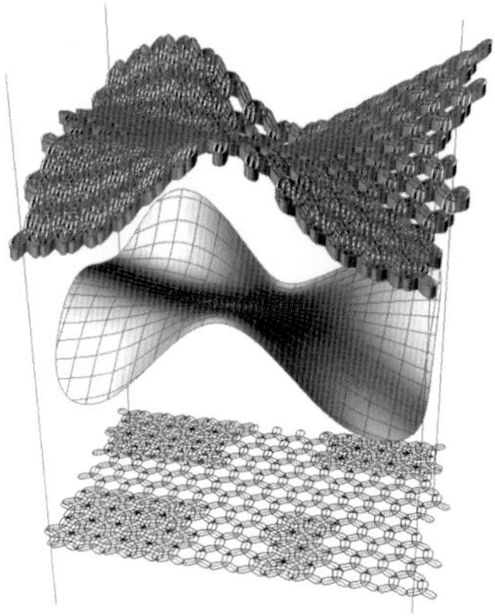

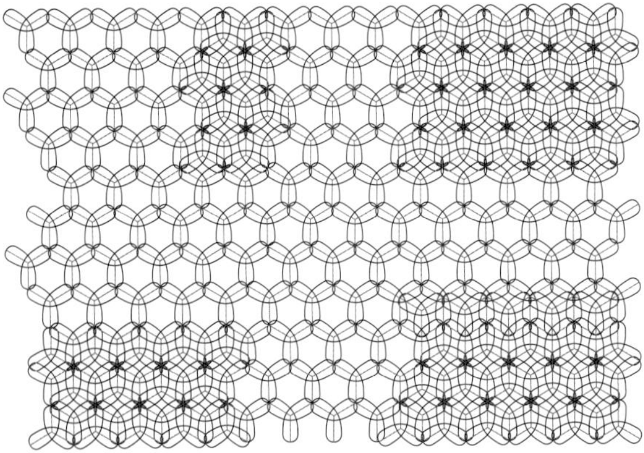

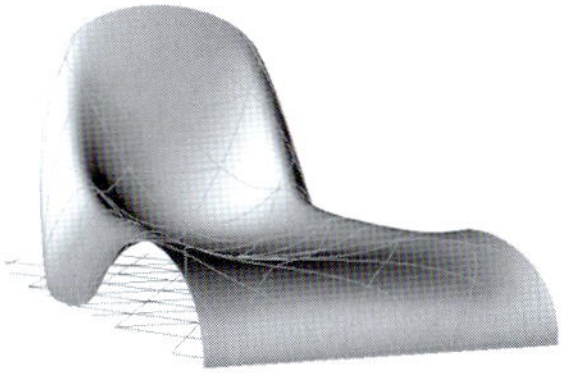

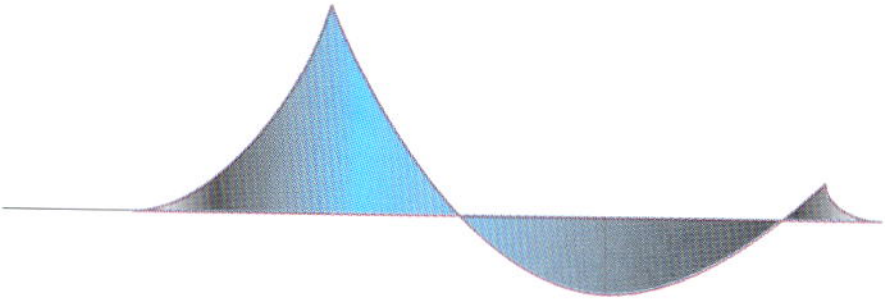

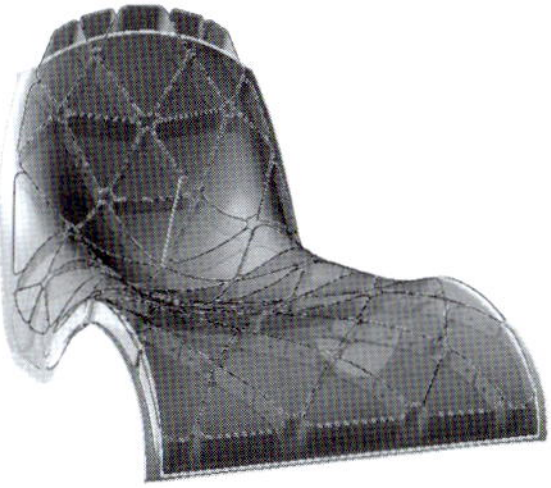

제조용 부재 표시도(manufacturing drawings)

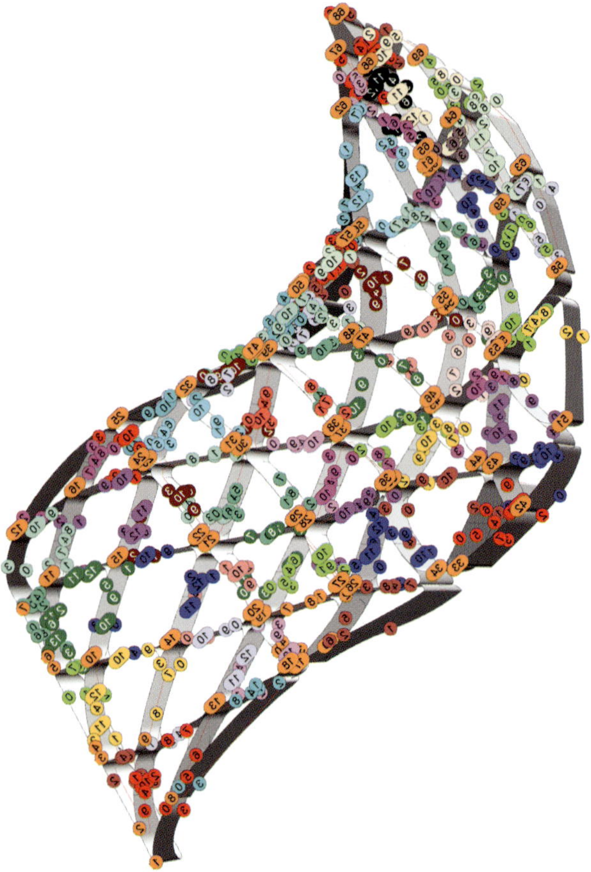

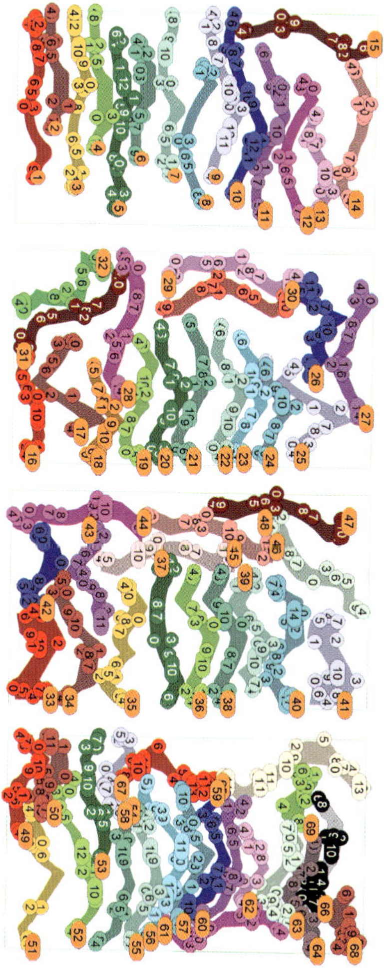

의자 프로토타입

제조 기법: 레이저 절단, 열 성형(thermoforming), 나사 조임

재료: PVC

튜브 프레임 구조 tubular framework

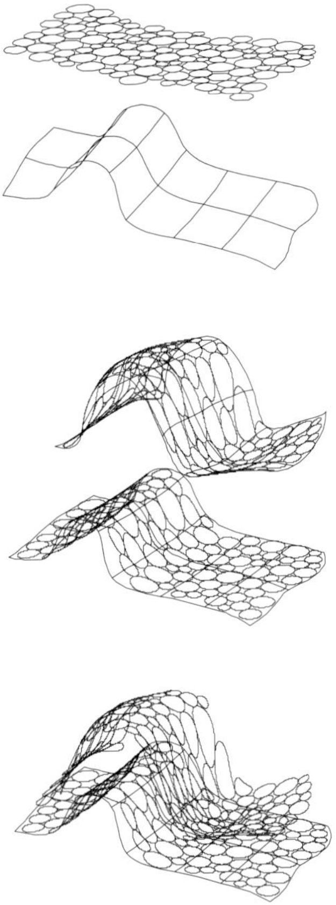

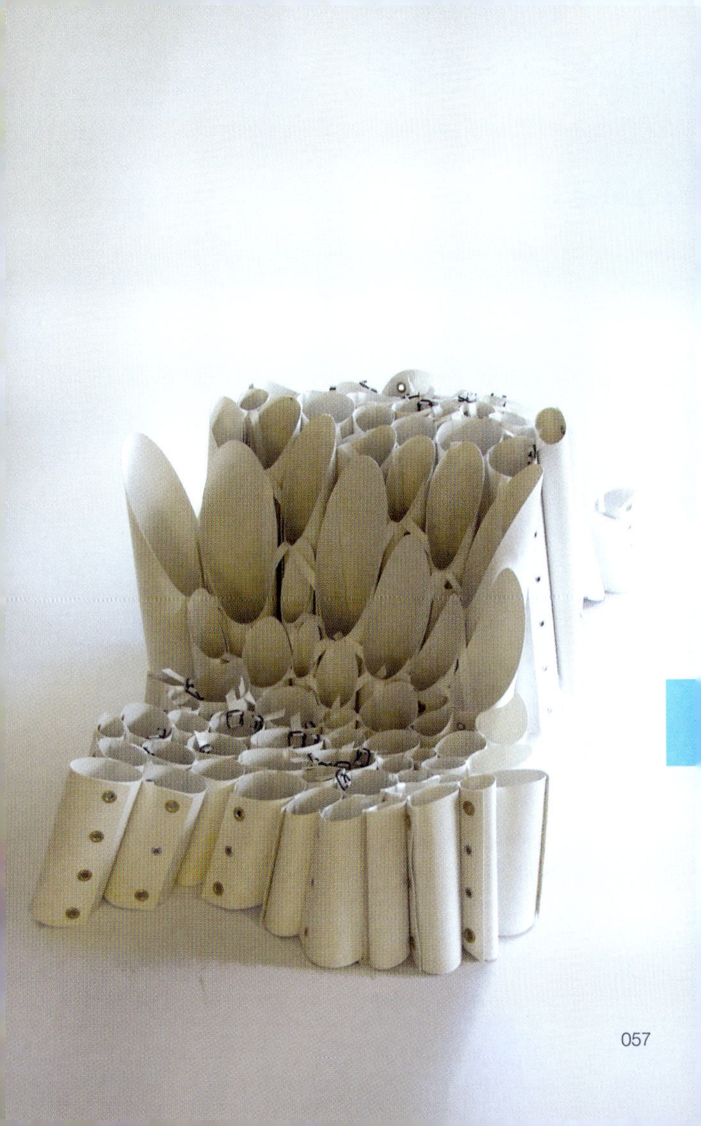

표면 프로토타입

제조 기법: 레이저 절단, 리벳 조임, 구부리기

재료: 비놀륨(vinolium) 2mm

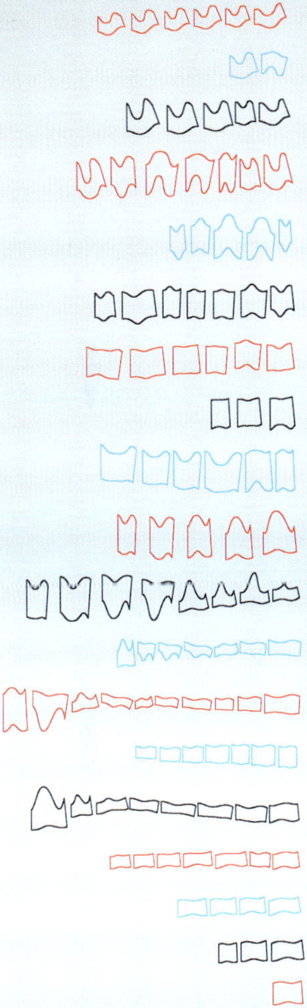

이중 커브 프레임 double-curve frames

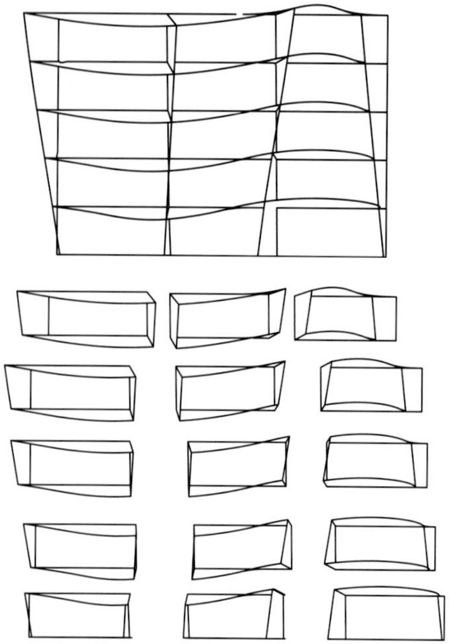

선반 프로토타입 1/4:
제조 기법: 레이저 절단, 접착
재료: 1mm 종이보드

선반 프로토타입
제조 기법: 레이저 절단, 접착
재료: 3mm 다트보드(dartboard), 금속 와이어

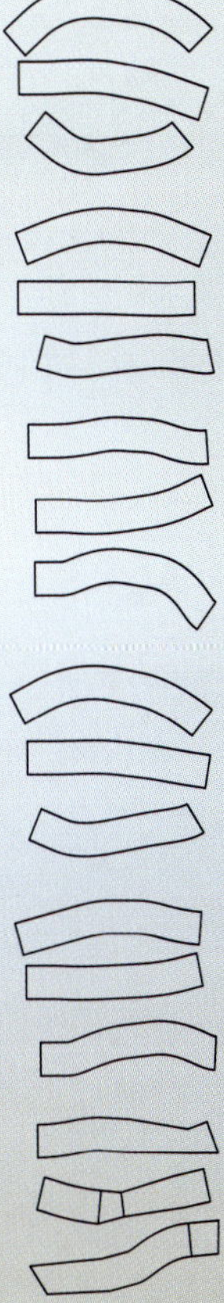

나무 구조 tree structure

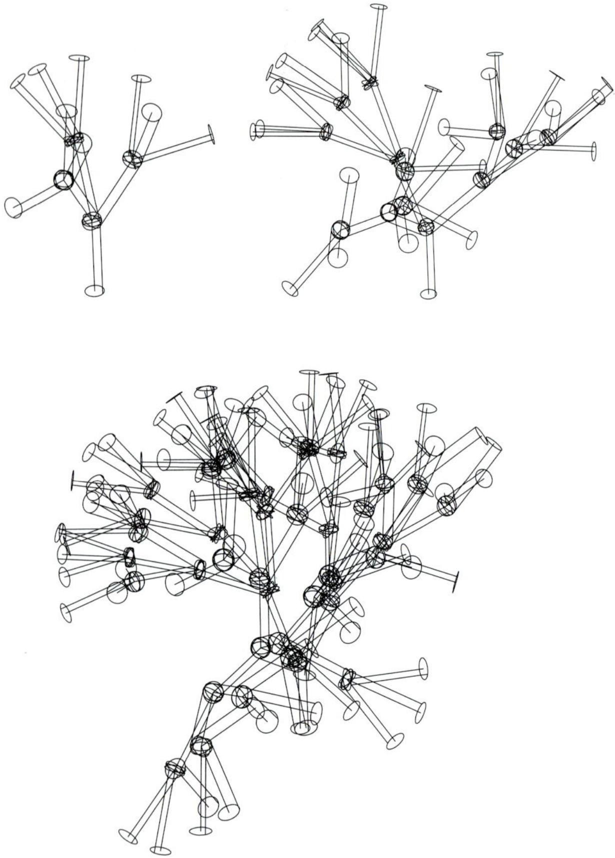

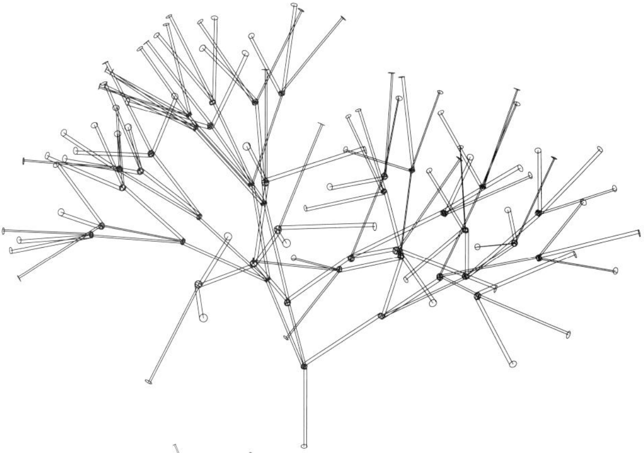

나무 테이블 프레임 구조

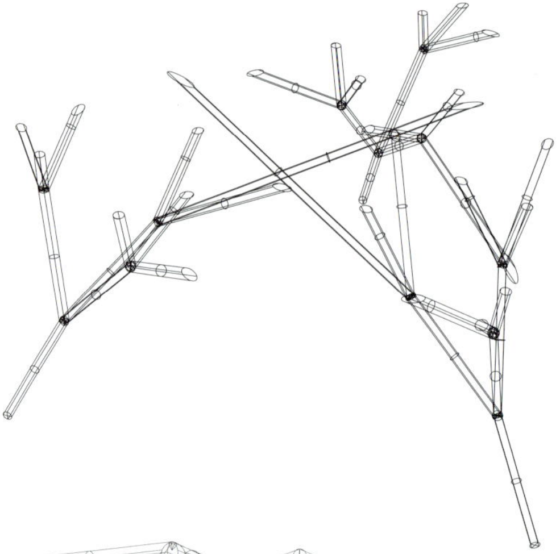

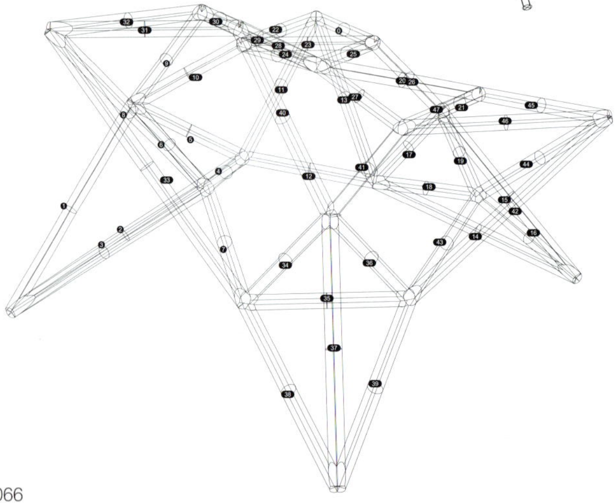
32
31
30
22
0
29
28
23
24
25
9
10
20
26
11
13
27
47
21
45
8
40
46
5
6
17
19
44
4
41
33
12
18
15
42
1
2
16
3
43
14
7
34
36
35
37
39
38

커피 테이블 프로토타입
제조 기법: 절단, 접착
재료: 플라스틱 튜브 관들, 플렉시글래스

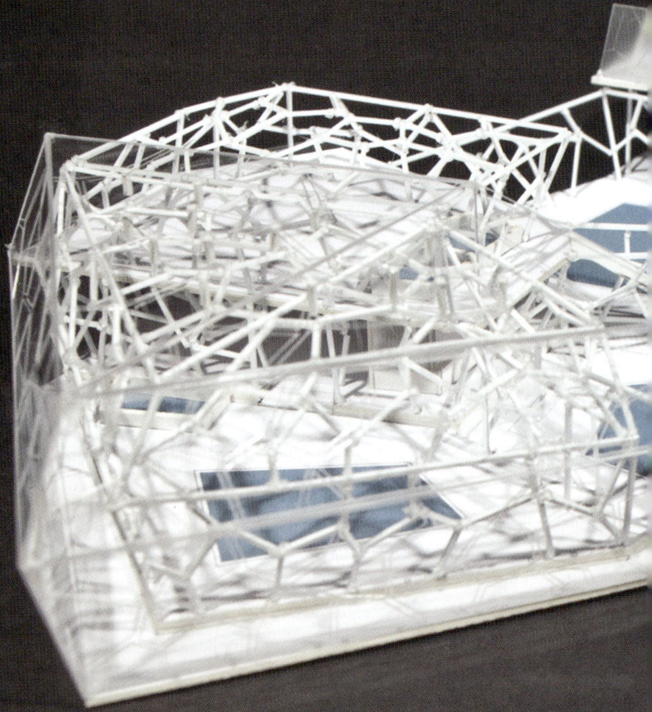

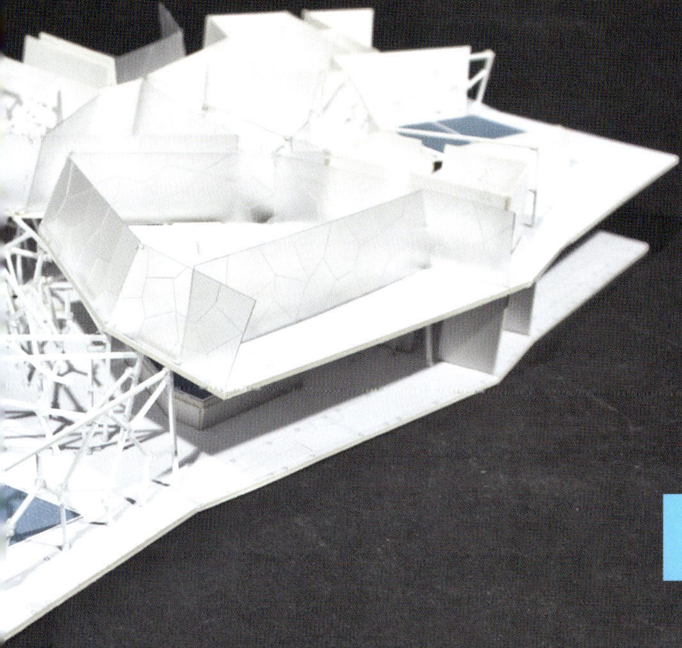

고리 loops

삼중 순환 고리 triple loop

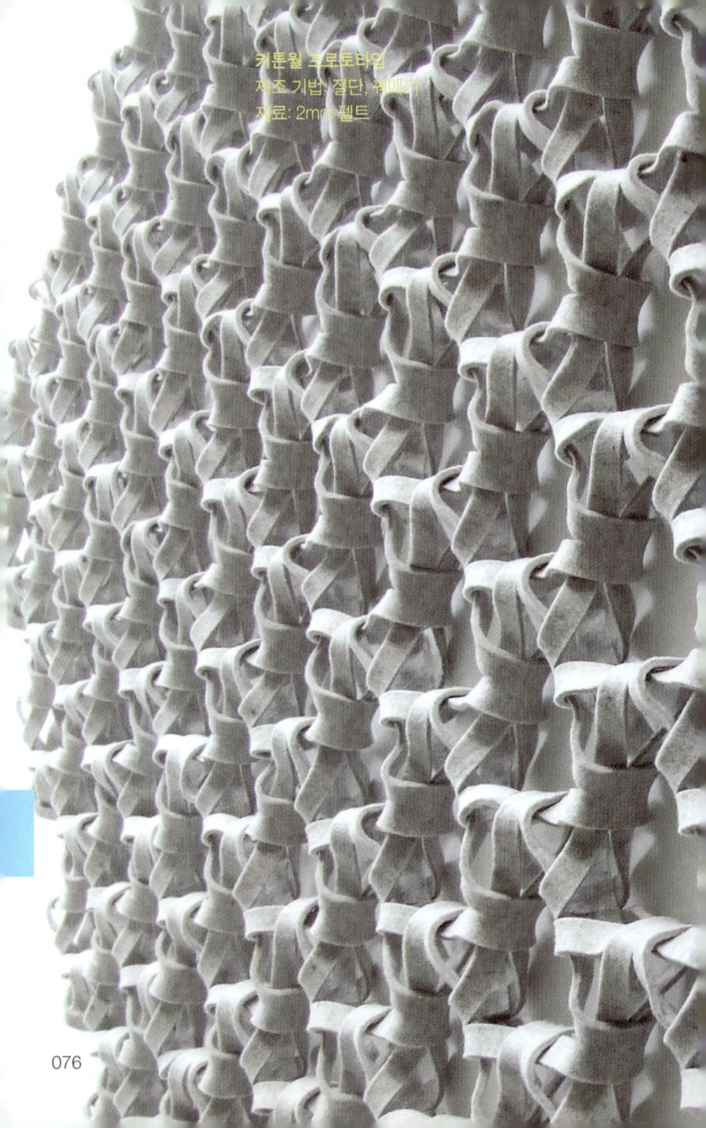

커튼월 프로토타입
제조 기법: 절단, 꿰매기
재료: 2mm 펠트

파라미터화된 고리 parametrized loop

파라미터화된 유닛 / 표면 형성

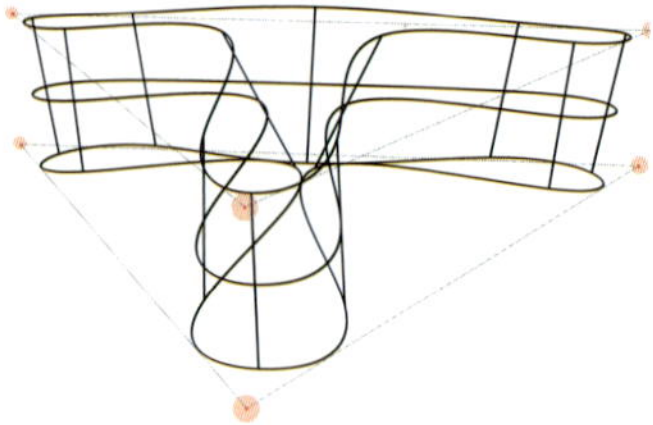

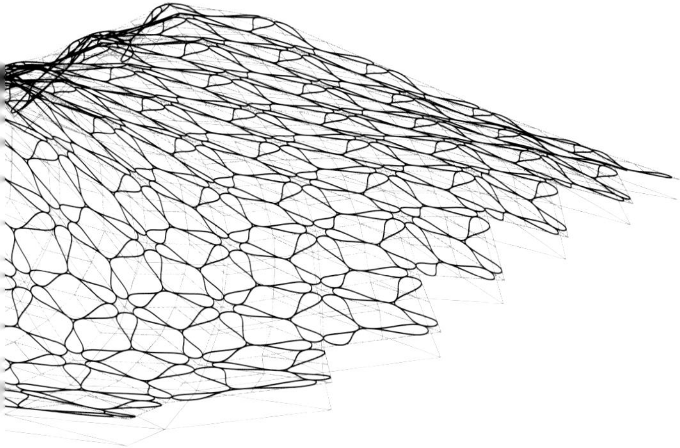

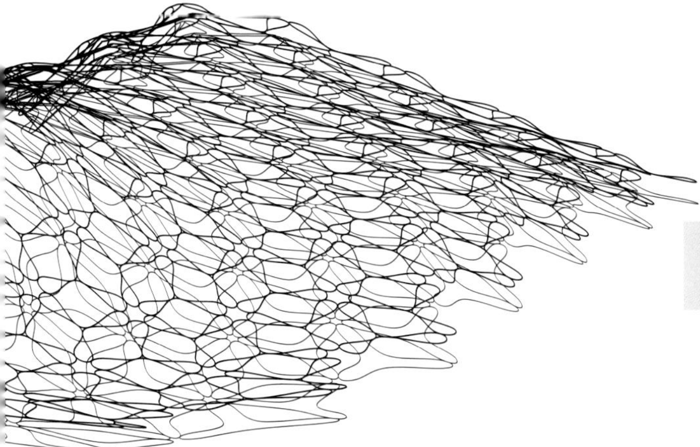

디지털 표면 모델/ 유닛 펼침

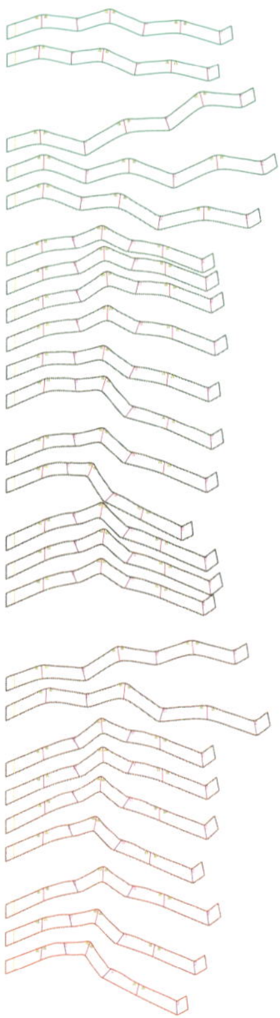

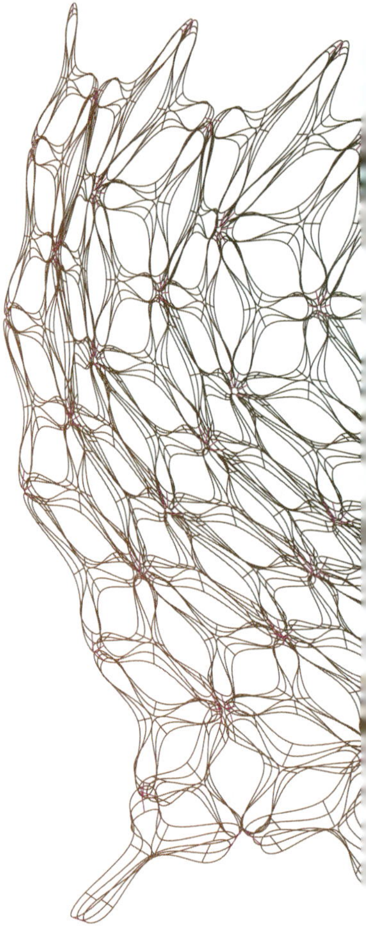

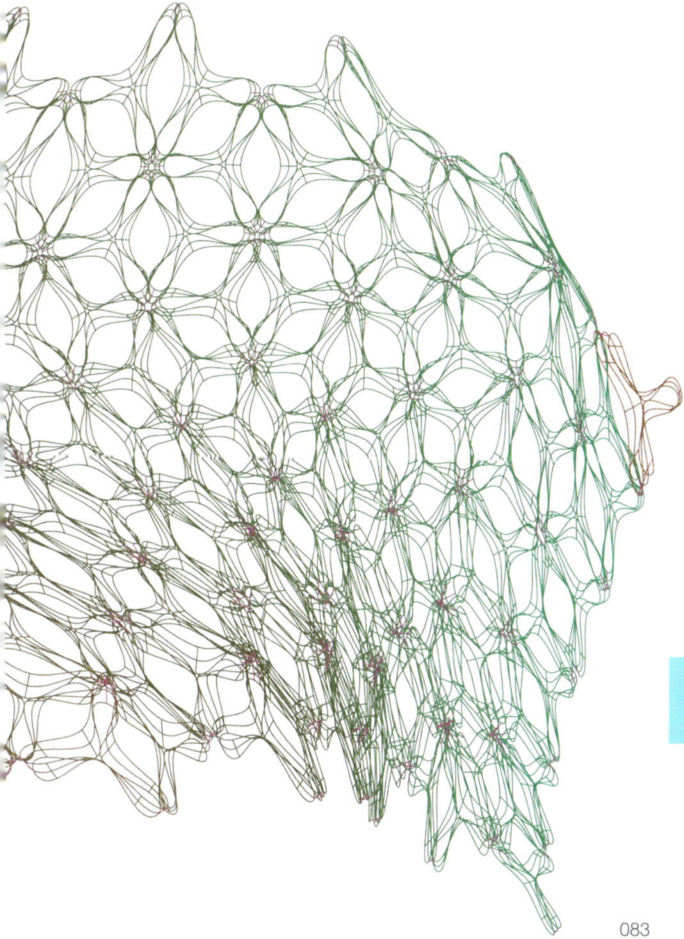

커튼월 프로토타입
제조 기법: 레이저 절단, 리벳 조임
재료: 2mm 종이보드

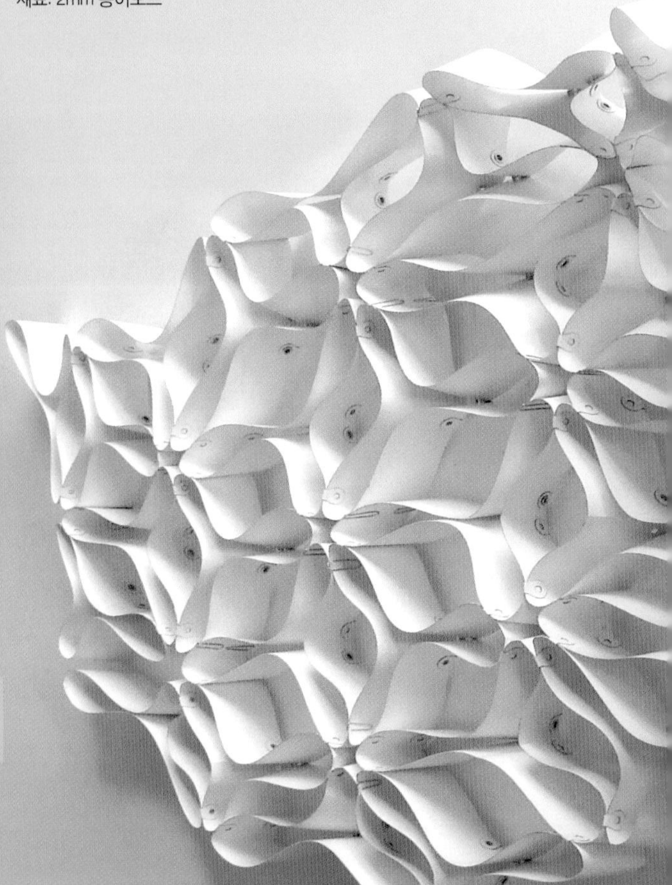

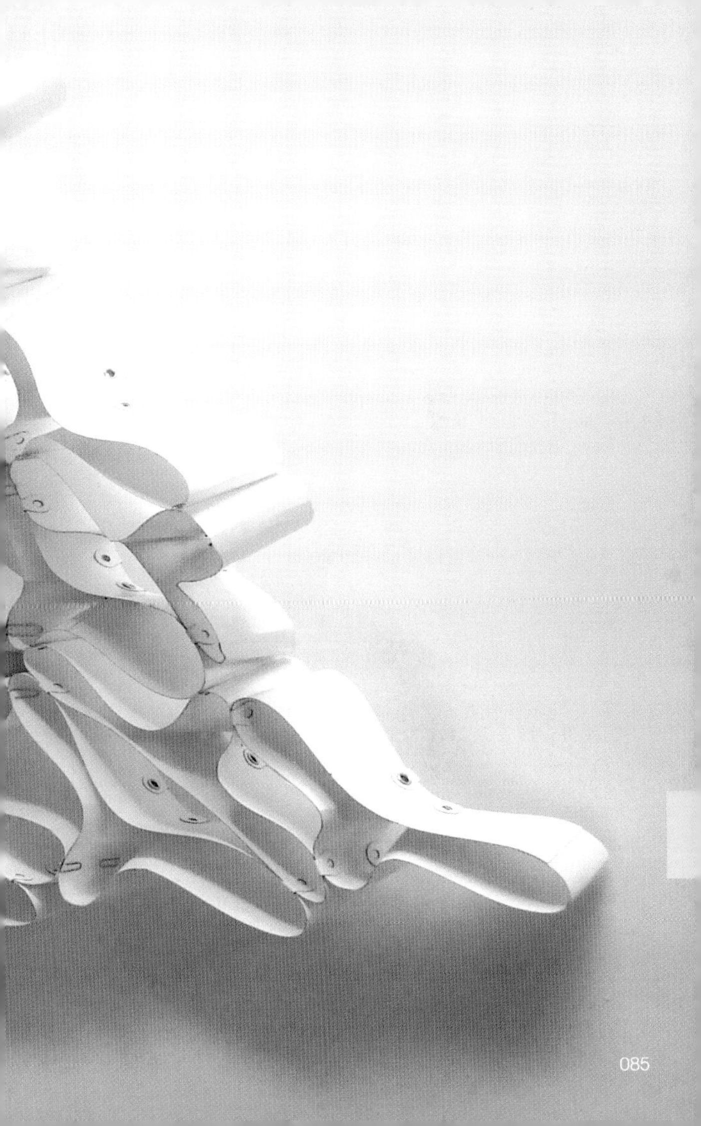

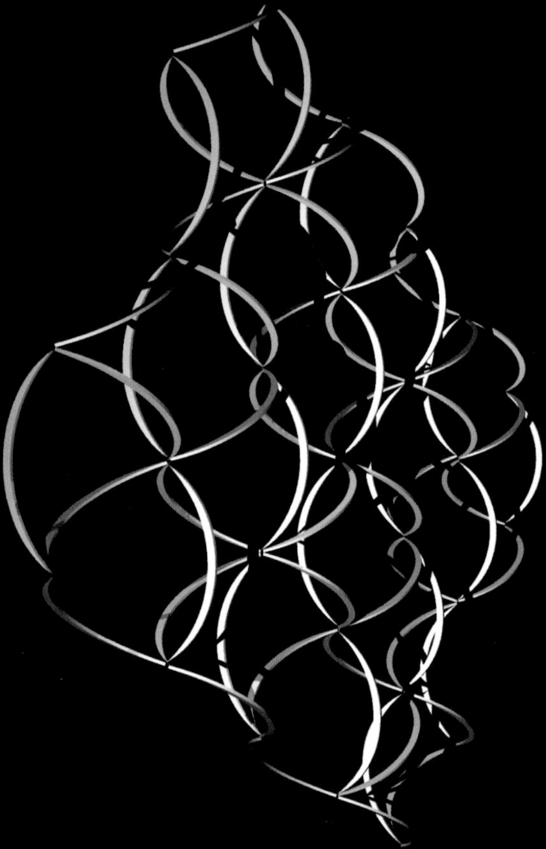

고리 의자 프로토타입
제조 기법: 절단, 구부리기, 용접
재료: 띠 형 강판 및 강선들(steel stripes and wires)

접기 foldings

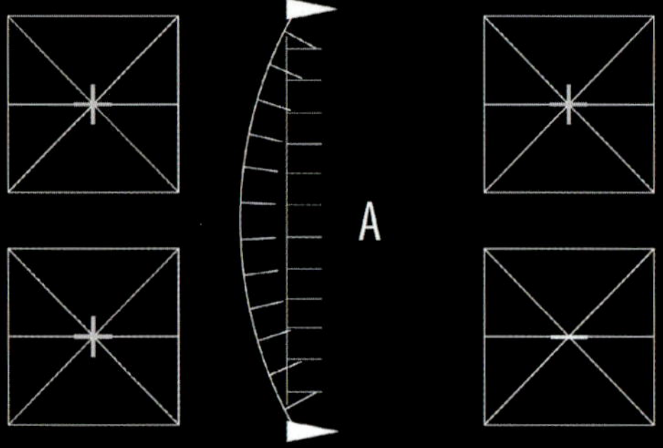
A

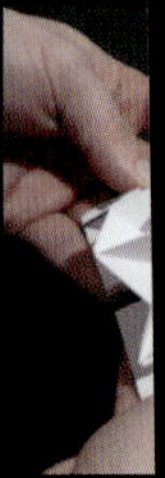

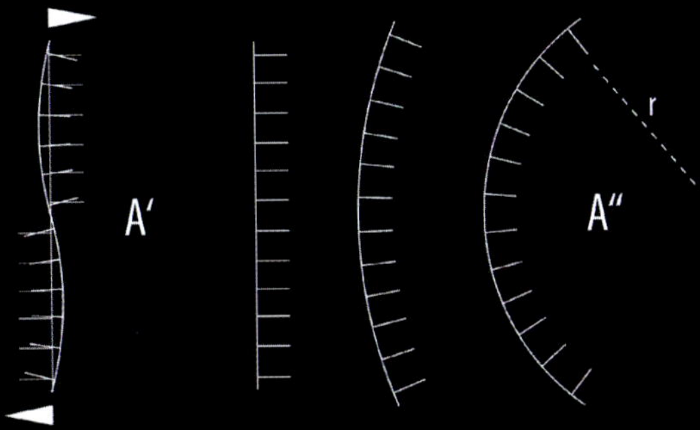
A′
r
A″

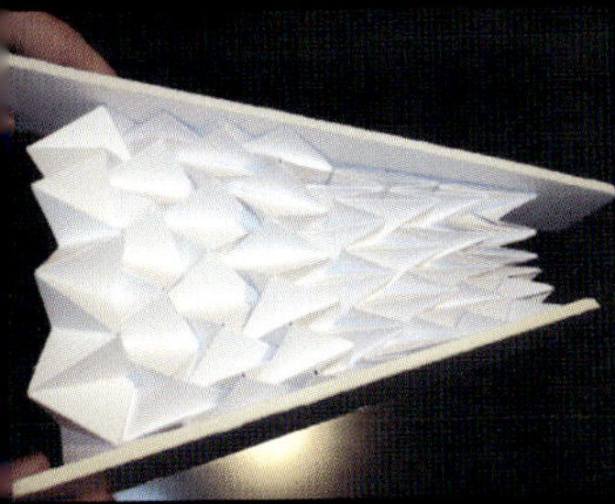

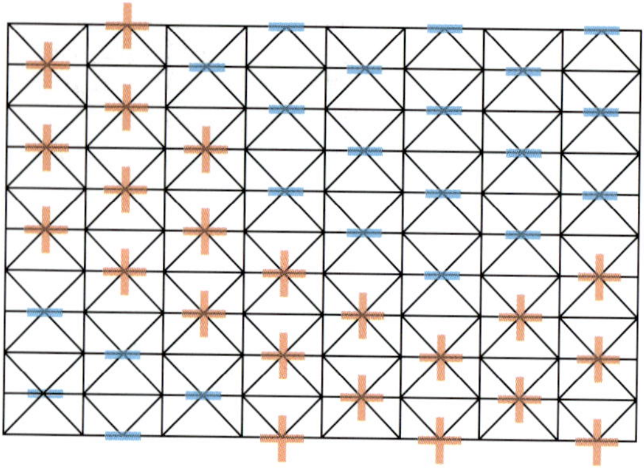

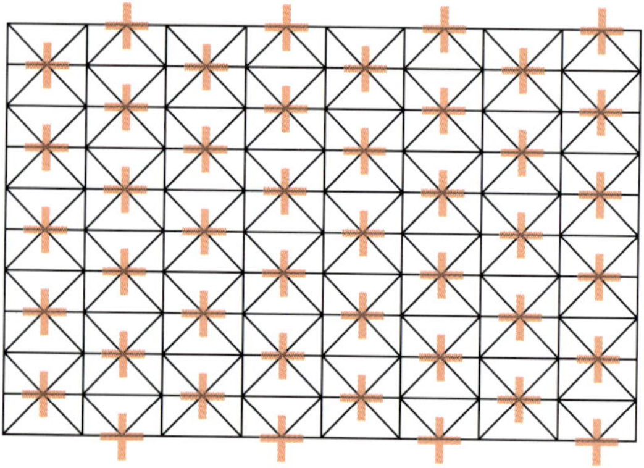

커튼월 프로토타입

제조 기법: 절단, 꿰매기

재료: 천으로 감싼 폴리에틸렌 발포체(PE foam)와 벨크로(Velcro) 탈착식 이음들

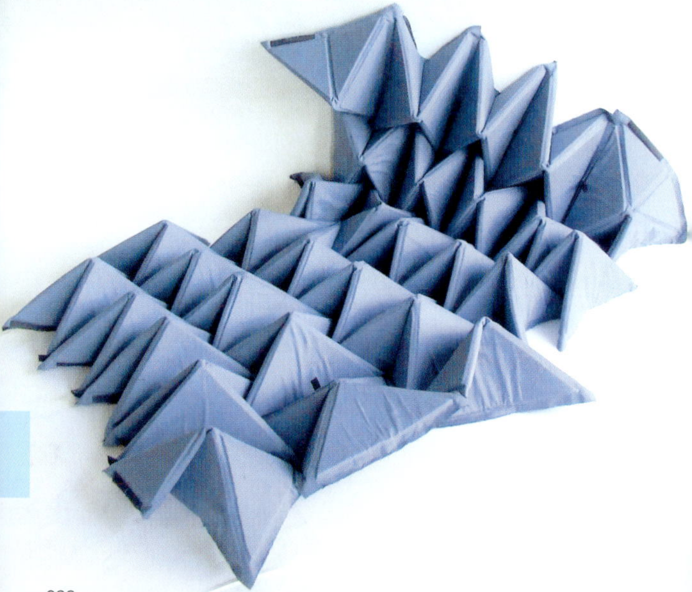

포개기 convolution

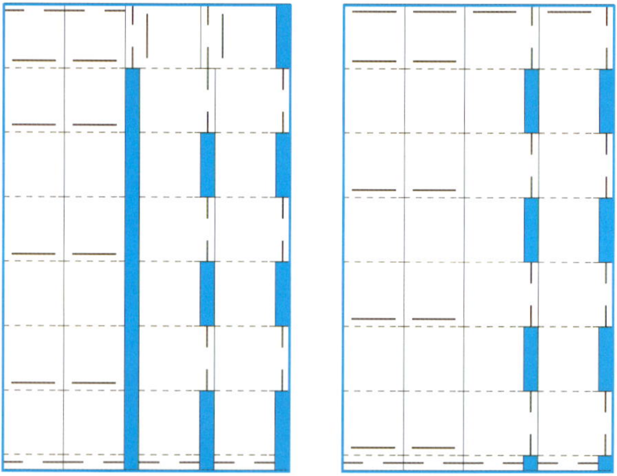

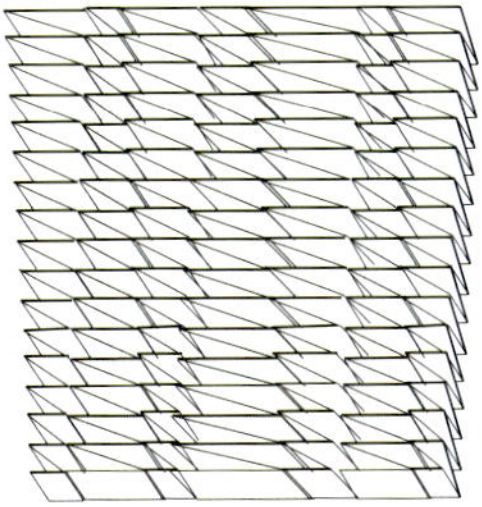

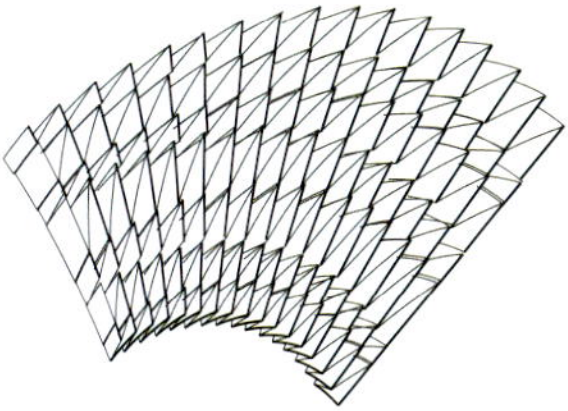

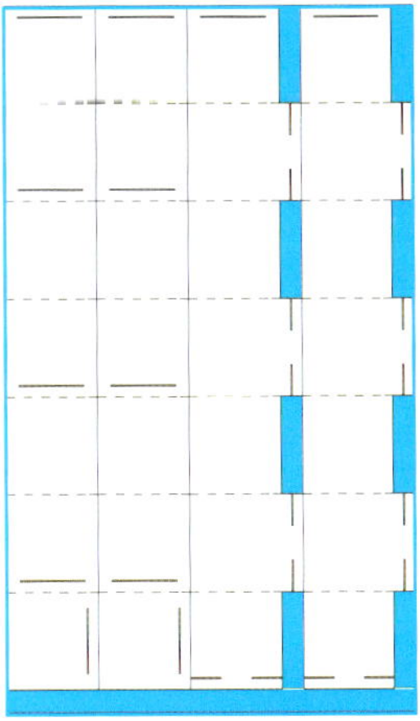

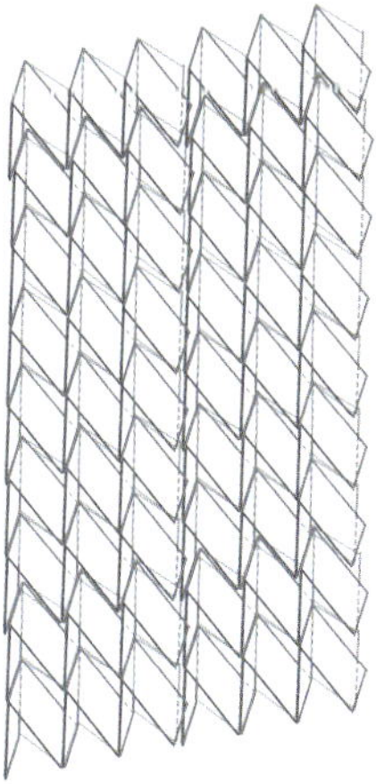

커튼월 프로토타입
제조 기법: 레이저 절단, 접착
재료: PVC

물고기 뼈대 fish bone

커튼월 프로토타입
제조 기법: 레이저 절단, 접착
재료: 접착포일(foil) 위에 PVC 조각 붙임

파라메트릭 물고기 뼈대 parametric fish bone

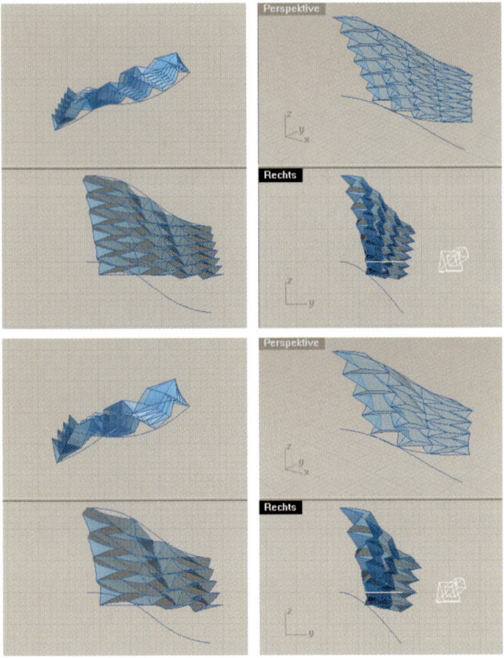

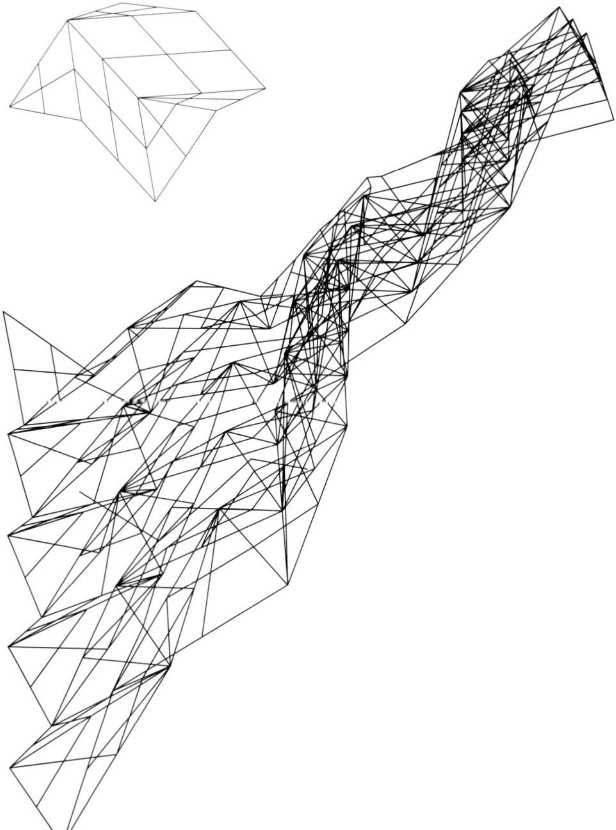

커튼월 프로토타입
제조 기법: 레이저 절단, 접착
재료: 종이보드

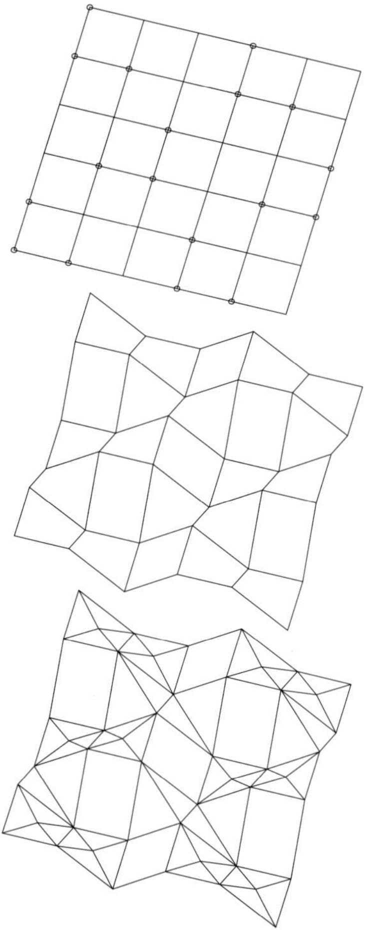

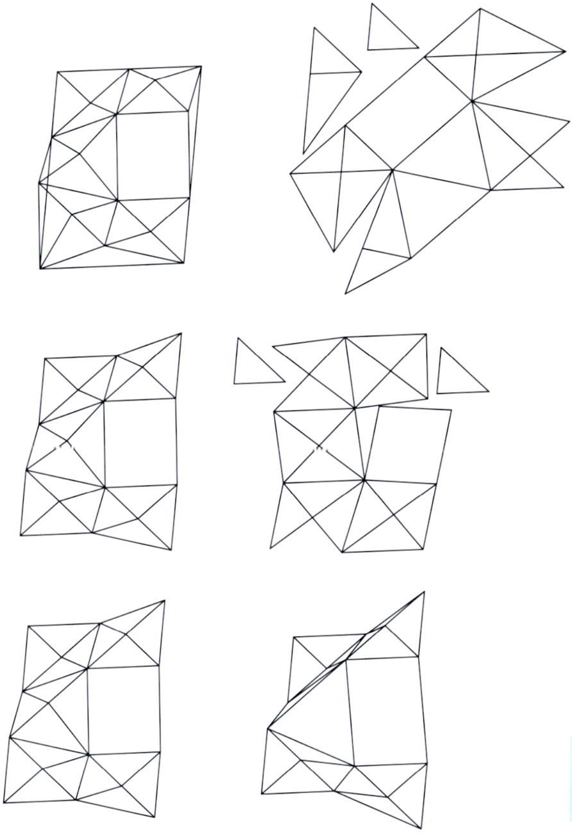

폴드웨어 장치 프로토타입
제조 기법: 레이저 절단, 적층 접합(laminating)
재료: 5mm 골판지

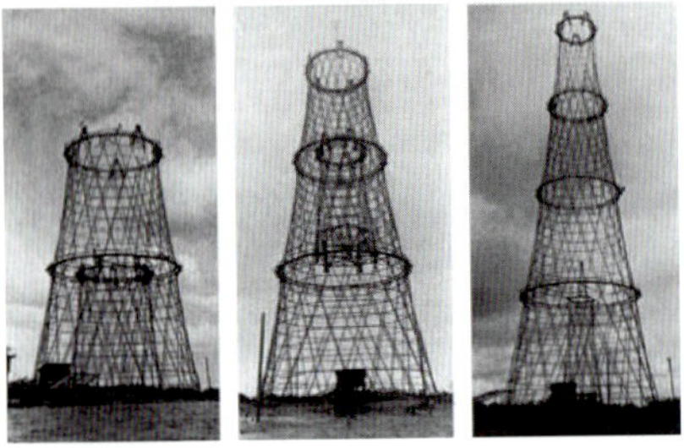

쌍곡-포물면 메시, 블라디미르 G. 수코프(Vladimir G. Suchov) 작

"건축 생산 기술이 변할 때마다, 건축 또한 변한다." [1]

이미 50년대 말에 콘라드 박스만(Conrad Wachsmann)은 이렇게 주장했다. 그리고 커다란 기술적 발전들이 언제나 건축 디자인과 그 생산에 어떤 영향을 주었다는 건 실로 사실인 듯하다.

19세기 말에 지어진 팩스턴의 수정궁은 새로운 시대를 열었는데, 이 때 기계적인 생산은 디자인과 구조에 혁명을 가져오면서 당대에 완전히 새로운 건축 미학을 도입했다. 새로 발명된 *조립 라인(assembly line)* [2]에서의 산업적 생산은 모든 건축가와 개발업자의 꿈인 빠른 시공 시간과 저비용, 고효율을 실현시키는 걸로 보인다.

그러한 세 가지 요구조건들을 충족시키려는 충동은 같은 세기에 살았던 러시아 엔지니어 블라디미르 그리고리예비치 수코프(Vladimir Grigorjewitsch Suchov)로 하여금 그의 *쌍곡-포물면 메시 구조들(hyper-parabolic mesh structures)* [3]을 개발하도록 동기를 부여한다. 그 구조들은 대량 생산된 철근들로 이루어지는데 이는 빠른 시공 요구사항들을 최적의 효율적인 기하학과 결합한 최소한의 구조 속에 함께 용접된다. 따라서 그는 형태와 구조, 그리고 생산 과정 간의 거의 완벽한 응집성을 도입한다. 그의 인텔리전트 구조 시스템은 소련 전체에 적어도 200개의 통신탑들을 건설하는 데에 사용된다. 그가 살던 시대의 산업적인 제조 과정들을 활용한 것은 쌍곡면 파워들을 개념화하고 실현함에 있어 근본적인 역할을 한다.

20세기 초에 건축 기술의 산업화가 진전되면서, 연속적인 대량 생산은 상당 정도의 완벽성에 도달한다. 산업화의 개념은 대량 생산 개념에 대한 동의어가 된다. 완전히 자동화된 공장은 엄청난 수효의 자기상사적 복제물들을 생산할 수만 있다면 효율적으로 운영될 수 있다. 초기의 형태 부여 도구는 그런 과정 속에서 유일한 원본이며, 따라서 간접적으로는 최종 생산물이기도 하다. 박스만의 "모듈에 의한 치수 조정(modular coordination)" [4]은 모든 부품들이 서로에 대해 명확히 정의된 관계를 갖는 시스템에 기초한 하나의 질서를 묘사한다. 그것은 기하학(geometry)과 허용 오차(tolerance), 수치화(valuation), 그리고 시공(construction)으로 범주화되는 하나의 보편적인 유닛에 대한 정의를 시도한다. 그에게 있어서 이런 질서는 믿을 수 있는 시공 품질을 보장하기 위한 유일한 방법이다. 또한 그것은 디자인과 구조 간의 새로운 관계를 지시하는데, 그가 주장하기를, "산업적인 생산은 자유롭게 디자인된 개념들을 실현하기 위한 하나의 변명으로서 남용될 수 없다. 그것은 오직 한 생산품의 개발 공급을 위한 직접적인 원인으로서만 활용될 수 있으며, 이것이 나머지들과 결합하여 완성된 형태를 제공한다."

오늘날, 떠오르는 CAD/CAM 설계 및 제조 기술들은 도그마란 이름의 상부의 한 차별화된 관점을 허용한다. 컴퓨터의 활용은 설계와 생산을 펌웨어(firmware: *소프트웨어도 하드웨어도 아닌 데이터 보존 부분-역자 주)로 병합하는 듯 보인다. 대량 제작과 맞춤화된 생산이 대량 맞춤 생산(mass customization)으로 통합되고 있다. 건축 프로세스에서의 구조적 시뮬레이션 기술들과 알고리듬 툴들의 활용은 비용-품질-효율성과 반복적인 생산 과정들의 관계를 해체시키고 있다. 게다가, 새로운 디지털 제조 기술들은 디자이너와 건축가들로 하여금 기존에 있던 기하학과 형태의 경계들을 깨뜨릴 수 있게 해준다.

박스만의 "모듈에 의한 치수 조정" 은 퍼포먼스(performance)의 개념으로 대체되고 있는데, 이 개념은 둘 이상의 파라미터들을 하나의 평형 시스템으로 조정하는 것을 포함한다.[역1] 디지털화되기 이전의 생산 기준들은 구식이 된 듯하다. 그 대신, 자연에서 발견되는 것과 같은 개별화된 구조들이 효율성의 정도가 더 크다는 게 판명되고 있다. CAM 기술들이 더욱 보급되고 원자재 가격이 상승함에 따라, 그러한 구조들에서 발견되던 높은 생산 비용과 지출 등의 단점들은 희미해져가고 있다.

더욱이, 고전적인 설계 절차는 자동적으로 하나의 협동적인 가상 시스템으로 변형되고, 여기서 건축가들과 엔지니어들, 그리고 제조업자들은 지속적으로 업데이트되는 정보의 흐름 속에서 함께 연결된다. 전형적인 건축 도면들, 즉 단면도와 입면도, 평면도 등은 복잡한 기하학적 구조들을 완전히 설명할 수 없기 때문에 그 중요성을 잃어가고 있다. 동시에, 상호작용적인 디지털 모델들의 역할이 중요성을 획득해가고 있다. 다양한 CAD 파일들과 DWG, IGES, 혹은 STL과 같은 응용프로그램 포맷들이 설계 정보의 효율적인 전달을 책임지는 유일하게 믿을 수 있는 데이터가 되어가고 있다.

역1) 퍼포먼스(performance)라는 용어에 관해서는 이 책의 편집자 아그카티디스가 편집한 『*modular structures in design and arc*
tecture』(2009)에 실린 글 중 올리버 테스만(oliver tessmann)의 「processes for performative geometry」와 가비 실리그(Gabi Schillig
「the liberation of space」을 참고하는 게 도움이 된다. 테스만은 퍼포먼스를 이렇게 설명한다. "퍼포먼스는 최적화(optimization)에 다
대안을 제공하는 용어이자 개념이다. 최적화(예: 구조 최적화)가 종종 한 프로젝트의 단일한 파라미터나 측면에 치우치는 반면, 퍼포
스의 증대는 한 프로젝트의 다중적인 요구조건들이 하나의 평형 상태로 정착될 때 이루어진다." 가비 실리그의 설명은 다음과 같다.
축에서 퍼포먼스라는 용어는 전형적으로 구조적이고 기능적인 능력의 측면에서 한 건물이 갖는 성능을 묘사하는 데에 사용된다. 최
의 건축에서 퍼포먼스는 설계 과정 내에서 그것을 절차적으로 사용하는 컴퓨터 계산 과정들을 묘사하는 데에 활용되기 시작했다."

디지털 설계와 제조로 이루어진 나무 구조 캐노피. 저스트.버제프 아키텍텐(Just.Burgeff Architekten)과 아스테리오스 아그카티디스 작.

따라서 정밀도와 구조적 허용 오차에 관한 우리의 이해가 변화하고 있는데, 그것들을 각 제조 기계에 상당하는 요구조건들에 직접적으로 관련짓고 있는 것이다.

이러한 변화들은 고전적인 시공에 강력한 영향을 미친다. 예를 들면, 계획과 생산 허용 오차들의 결정 능력은 제조업자에게 있기 때문에 실행 계획이 점점 더 제조업자의 책임이 되어가고 있다. 건축가의 법적 책임에 대한 질문이 다음처럼 일어난다. 어떤 건축 실무가 그것에 의해 실현되지 않는 생산용 도면들에 대해 법적으로 책임을 질 수 있는가?

기술과 건축의 관계에 관한 콘라드 박스만의 주장들이 그 어느 때보다도 현재 더 타당성을 갖는다는 게 명백해지고 있다. 우리는 디지털 제조 기술들이 건축 실무 절차를 혁명화하고 있는 시대에 살고 있다. 일어나고 있는 그 변혁은 형태학적인 특성들을 넘어선나. 그것은 건축 생신이 수십 년간 기초했던 기본 절차들에 영향을 주고 있는 것이다.

1, 4. 1962, *Wendepunkt im Bauen*, *Konrad Wachsmann, Rowohlt, Reinbek, DVA, Munich*

2. 1984, *Die Glaserne Arche, Kristallpalast London 1851 und 1854, Chup Friemert, DVA, Munich*

3. 1990, *Vladimir G. Suchov, Die Kunst Der Sparsamen Konstruktionen, Reiner Graefe, Murat Gappoev, Ottmar Pertschi, DVA, Munich*

숫자들과 장미들의 중요성에 관하여
On the Importance of Numbers and Roses

요한 베텀 박사, 프랑크푸르트 국립 예술대학교(Staedelschule Frankfurt) 교수
www.staedelschule.de/architecture

건축과 건축 디자인은 좀 거친 시간들을 경험하고 있다. 이는 그 영역이 지난 몇 년간 거대하게 밀어닥친 새로운 기술, 특히 컴퓨터를 기반으로 한 계산 프로세싱 기술의 흐름을 즐기면서도 고통을 겪어왔다는 사실에 기인한다. 건축가들과 적지 않은 건축과 학생들은 종종 그 기술에, 즉 건축 자체보다 그 기술이 무엇을 할 수 있는지에 더 열중한다. 이런 경향은 종종 지적으로, 실제적으로, 그리고 이론적으로 공허한 건축 오브제들과 디자인 제안들을 생산하여 건축을 보수적인 영향들에 취약하게끔, 혹은 더욱 심한 경우 보다 큰 사회적 · 문화적 맥락에서 적절치 못하게 표현한다. 이 점은 매우 중요한데 왜냐면 바로 그 기술이 현대의 산업적이고 경제적인 맥락 속에서 무한히 다양한 디자인의 기회들을 열어주기 때문이다.

『디지털 제조』(2010)는 아스테리오스 아그카티디스의 능숙한 지도하에 만들어진 인상적인 프로젝트들의 모음을 기록한다. 이 책은 한 학기 동안 이루어졌고 건축이 현대 디자인 및 프로세싱 기술들이 제공하는 새로운 기회들에 직면해야한다는 비범한 전제를 기초로 한다는 점에서 더욱 더 인상적이다. 하지만, 기록된 작업들은 같은 이유로 다음과 같은 하나의 중추적인 도전과제를 그려낸다. 초기에 디지털 툴들과 기법들에 매료되는 것을 극복하고 설계되는 오브제의 학문적으로 특수한 지위로 돌아가는 법은 무엇인가?

이 책에 걸쳐 능숙한 작업이 보이는데, 한 가지 사례는 '알고리듬에 의한 교차 프레이밍' 이라는 제목 하에 제시된 휴게 의자 프로토타입이다. 이 작업은 위에서 암시한 많은 기술적 기회들을 포용하는 설계 및 제조 과정들의 결과물이다.[1] 하지만, 4mm MDF 단면들을 레이저로 절단하여 만든 그 의자의 좌석 구조에 대한 예리한 관심은 그 디자인을 저버린다. (2mm 검정색 펠트 띠들을 레이저로 절단하여 만들어 한 사진에서는 마치 별로 촘촘한 하늘을 떼어다 땅에 놓은 듯 보이는) 흥미로운 상감 매트와는 별개로, 그 의자의 도면화는 그것을 단순한 구조로만, 즉 다른 산업 생산방식의 의자들이 프로토타입 단계에서 이후의 분석 및 디자인 발전을 위해 필요로 할 만한 종류의 구조로만 제시하는 경향이 있다. 1950년대 이후의 디자인들을 떠올리게 하는 그런 소급적인 모습은 도움이 되지 않는다.

하지만, 이는 좋은 프로젝트에 대해 비판적으로 말하려는 의도가 아니라 기술과 기법이 디자인 용역을 따르게 하라는 탁월한 요청을 강조하려는 것이다. 요점은 아그카티디스가 그의 학생들에게 소개한 기법과 방법들이 현대 건축이 직면하는 전례 없는 도전과제와 곧 만나야 한다는 점이다. 그 과제란 이런 것이다. 컴퓨터에 의한 수치적인 것들을 건축의 담론 및 실무와 어떻게 짝지을 것인가? 그것은 컴퓨터 스킬들의 문제가 아니지만 그것들 없이는 뭔가를 할 수 없다.

그 문제를 살(flesh)과 숫자들의 관점에서 생각해볼 수 있는데, 1913년에 일어난 한 중요한 문적 사건이 그것을 설명한다. 당해에 파리를 거점으로 하고 있던 미국 작가 거트루드 스타(Gertrude Stein)은 "성스러운 에밀리(Sacred Emily)"[2]라는 이름의 시 한 편을 썼는데, 그 시 다음과 같은 글귀를 담고 있었다. *'장미가 장미인 건 장미가 장미인 것.(Rose is a rose is a rc is a rose.)'*[3] 스타인은 그 글귀를 다양한 경우들에 대해 재사용하며 변형시켰고,[역2] 그것은 많은 작가들과 예술가들에 의해 널리 변용되었다. 스타인과 그녀의 작품은 일반적으로 20세 초에 떠오르던 근대 문학과 예술 및 아방가르드에 매우 큰 영향을 주게 되었다.

그 글귀의 매력은 그것의 반복적인 구성과 더불어 이것이 사물들의 성격과 정체성을 반영하 방식에 있다. '장미' 라는 명사의 반복은 그 사물 자체를 물화(物化)하거나 역으로 그 대상, 즉 장미를 '장미' 라는 명사의 누적 효과에 부차적인 것으로 만드는 그것만의 시적 아우라를 발 시킬 수 있다. 이 경우 그 문장의 운율적이고, 또 그에 따라 시간적이며 반복적인 구조는 '연 되는 현재' 속의 움직임과 정지 사이에 '장미' 가 떠다니게 한다. 어떤 식이든 그 문장은 우리 게 영향을 준다. 언급되는 대상의 정체성에 관해서도, 그리고 생성되는 그 시적 순간을 통해 도 말이다. 스타인 자신은 *'그 문장에 등장하는 장미는 백 년 간의 영시에서 처음으로 붉다 that line the rose is red for the first time in English poetry for a hundred years)'*[4]고 기술했다.

그 문장의 구조는 단순한데 그만큼이나 그것은 그 이중적이고 모호한 지위에 있어서도 필수 이다. '장미' 라는 명사는 네 번 사용되며[5] 3부(trinity) 형식의 특징으로 각인되었을 세 번이 아 다.[6] 그 명사가 네 번 똑같이 존재하는 동안, 그 정확한 숫자는 물화된 정체성을 낚아채라고 져준다. 주장된 바에 의하면 그녀의 반복 구조는 '셈법의 선형성과 선형적인 형식들 모두에 한 비판' 이었고 *'실제로는 차이의 원환들이나 고리들이 존재하는 곳에서 유사성의 연속이 선들을 보려고 가장하는 건 가부장적인 시일 뿐'* 이었다.[7]

숫자들과 그 반복에 대한 스타인의 선택은 세심하게 계산되어있다. 그것은 동시에 초현실적 고, 엄밀하며, 거칠게 시적인 하나의 구조를 표현하며, 이는 다시 다양한 의미의 가능성들을 들어낸다. 모든 디지털적인 것들을 탐구하는 새로운 세대의 건축가들에게는 숫자들의 엄밀 과 그것들의 중요성이 상실되어있는 듯하다. 이는 특히 중요한 문제인데 숫자와 급수는 디지 의 기본 요소들이자 모든 구조 형식들에 있어 필수적이기 때문이다. 그것이 레이저 절단면들 수효이든, 그것들의 치수이든, 아니면 구조적인 계수이든 말이다.

역2) 예를 들면 다음과 같다. "Do we suppose that all she knows is that a rose is a rose is a rose is a rose."*(Operas and Plays)*, rose tree may be a rose tree may be a rosy rose tree if watered."*(Alphabets and Birthdays)*, "Indeed a rose is a rose makes a pre plate...."*(Stanzas in Meditation)*, "Civilization begins with a rose. A rose is a rose is a rose is a rose. It continues with blooming anc fastens clearly upon excellent examples."*(As Fine as Melanctha)* 등이 있다. 그녀는 옥스퍼드 대학 강연에서 이러한 '장미' 의 표현 관련하여, "그 말은 낭만주의자들이 장미(rose)라는 단어를 사용했을 때 그것이 실제의 한 장미와 직접적인 관계를 갖고 있었다는 사 을 가리킨다" 고 말한 바 있다. 이후의 문학 세대, 특히 모더니즘에서 그것은 역시 실제의 한 장미를 가리켰으나 낭만주의 시대의 원형 요소들을 내포하고도 있었다. 따라서 그녀의 이러한 표현들은 시대와 역사 속에서 변하는 언어의 특성을 가리킨다고도 말할 수 있다.

지만 스타인의 세심하게 계산된 문장에는 한 한 장미의 향기와 부드러움, 그리고 색가 스며든다. 그 문장이 그 대상을 물화하 , 그것을 밀어내어 소멸시키건 간에 이는 실이다. 따라서 그 장미는 '*장미*' 에 있어 든 것이며, 스타인이 그 문장을 구성했을 에는 '*장미*' 라는 명사 역시 수 세기의 에 문학 역사로 스며든 채 그녀에게 다가왔 8

히 건축과 디자인에서, 대상들의 삶은 유 무이한 것이다. 누군가 의자가 편안해야 는 정도라든가, 그것의 형태나 구조, 혹은 관이 상당한 의자 디자인의 역사 및 현재 태와의 관계를 어떻게 맺어야 하는지에 해 생각하건 간에 이는 사실이다. 그렇다 , 이 모든 게 이 책에 기록된 성취들을 공 하게 만들지는 않는다. 그것은 단순히 아 카티디스와 그의 학생들이 이제 어깨에 어지는 거대한 책임을 가리키고 있다.

이 책의 14-21쪽을 참조.

이 시는 『지리학과 희곡(*Geography and ays*)』(1922)에 실렸다.

스타인은 이후에 이 문장을 '장미는 장미 장미인 것.(A rose is a rose is a rose.)' 으 변형하여 사용했는데, 아마도 이것이 여 서 거론한 것보다 더 유명한 버전일 것이 .

Gertrude Stein, *Four in America*, 1947.

첫 번째의 '장미' 는 한 여성의 이름을 지 하는 것일 수 있다.

그것은 세 개의 다른 단어들을 사용하여 개의 아이디어를 표현하는 헨디아트리스 endiatris)라 불리는 삼중언법이기도 했을 이다.

『빌 낫 보어드(Bill Not Bored)』 2005년 1 자에 실린 '거트루드 스타인의 어려운 글 (Gertrude Stein's Difficult Paper)' 을 참조 〈http://www.notbored.org/gertrude-stein.html〉

8. 추측컨대 스타인은 셰익스피어가 그의 희곡 『로미오와 줄리엣(*Romeo and Juliet*)』에 사용한 글귀인 '장미는 다른 이름을 가졌더라도 역시 달콤한 향기를 냈을 것이다(a rose by any other name would smell as sweet)' 를 참조했을 것이다.

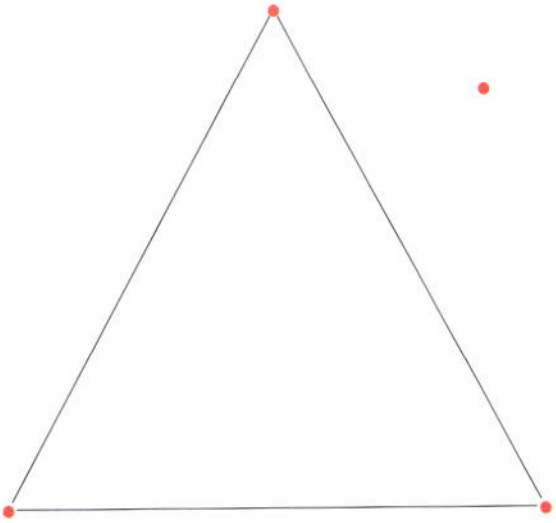

완전히 가구화되기 Fully Furnished

마르쿠스 후데르트(Markus Hudert), www.markushudert.com

지난 수백 년에 걸쳐 거의 모든 영향력 있는 건축가들이 가구 디자인 영역에서 성공적으로 활동해왔다. 이런 경향은 특히 의자 디자인의 경우에 해당되는데, 많은 의자들이 디자인의 고전과 수집 대상들이 되어왔다. 이 에세이는 모더니즘 시기와 디지털 제조가 가능해진 시기에 건축과 가구가 일반적으로 어떤 상관관계를 가졌는지에 대해 고찰해본다.

건축과 가구는 하나의 공통된 기반을 공유한다. 두 영역은 모두 최소한의 기능적인 수준을 충족해야 한다. 하지만 차이들도 역시 존재하는데, 무엇보다도 이런 차이들이 한 건물을 설계하고 실현하는 것에 비해 가구를 디자인하는 게 책임이 더 작고 디자인의 자유도가 더 큰 원인이 된다.

주요한 차이들 중 한 가지는 가구가 환경과 사회에 미치는 영향이 더 작다는 점이다. 일단, 가구 제작은 돈이 덜 들고 그래서 재정적인 위험도 낮다. 또한, 건물들은 보다 긴 생애주기를 갖기 때문에 건축과 관계된 결정들은 장기적인 영향력을 갖는다. 그리고 심지어 가설 구조물들조차도 에펠 탑의 사례에서 보는 것처럼 영구적으로 남을 수 있다.

미스 반 데어 로에가 디자인한 바르셀로나 체어(Barcelona Chair)

가구에는 건축 규정들이 적용되지 않기 때문에, 시공 수준에 관한 제한사항이 더 적다. 한 의자에 대한 몇 안 되는 고정된 요구조건들 중 하나는 그 위에 한 사람이 앉기에 구조적으로 충분히 안정적이어야 한다는 점이다. 의자는 기능적인 오브제라고 가정되기 때문에, 조각보다 더 기능적이다. 하지만, 한 의자가 내려앉는 것은 한 건물이 내려앉는 것만큼 재앙을 부르지 않는다. 의자는 지붕 누수를 염려할 필요도 없다.

가구 디자인의 또 다른 장점은 비교적 높은 수준의 디자인적인 자유가 있다는 점이다. 이에 대한 한 가지 이유는 사회적인 수용과 관련이 있다. 건축에서 평범하지 않은 형태는 인기 있는 비판 대상이지만, 가구 디자인에서는 그것이 거의 필수 품목인 듯 보인다. 이것은 공공 공간에서 가구가 갖는 보다 낮은 시각적 영향력, 그리고 그것의 더 높은 이동성과 관련이 있다. 한 의자의 생산을 막겠다는 대중의 청원을 목격할 가능성은 그리 크지 않다. 어떤 가구를 더 보고 싶지 않게 되면, 그걸 지하에 숨길 수도, 대형 용기에 실을 수도, 온라인 경매에 팔 수도 있다.

하지만 그 늘어난 디자인의 자유는 쉽게 이용 가능한 더 폭넓은 범위의 기술 수단과도 관련된다. 대개 유일한 실례들인 건물들과는 반대로, 가구는 대량 생산될 수 있다. 이러한 점은 기법적인 측면에서 무엇보다도 특별한 형태를 가진 요소들을 생산하기 위한 주형(mould)들을 활용할 수 있게 한다.

이 모든 것들은 건축가가 가구 디자인에 느끼는 친밀함을 설명하는 그럴듯한 방식들이다. 하지만 의자를 디자인하기 위한 보다 중요한 동기들이 더 있다. 가구 디자인은 새로운 건축적 아이디어들과 기법들을 실험하기 위한 기반적인 역할을 할 수도 있다. 그것은 건축의 어떤 개념에 대한 하나의 진술이나 표현일 수도 있고, 일부 모더니스트들의 가구 디자인 사례에서 보는 것처럼 건축에서 변화하는 패러다임들을 반영할 수도 있다.

20세기 초에 모더니즘의 동이 틀 무렵, 산업화가 인도한 새로운 기술적 발전들에 기초하여 한 새로운 건축이 출현했다. 전통적인 시공 방식들과 당대 기술을 넘어서려던 그 노력과 영향은 개라트 토머스 리트벨트(Gerrit Thomas Rietveld), 마르셀 브로이어(Marcel Breuer), 르 코르뷔제(Le Corbusier), 혹은 미스 반 데어 로에(Mies van der Rohe)와 같은 당대의 가장 중요한 몇몇 건축가들이 디자인한 의자들에 반영되어 있다.

대량 생산을 활용하던 그들의 목적은 누구나 구매할 수 있을 만한 잘 디자인된 가구를 만드는 것이었다. 새로운 형태들과 새로운 시각적인 가벼움은 새로운 재료들을 활용함으로써 가능해졌다. 예를 들어, 구부러진 강관들의 사용은 브로이어와 반 데어 로에의 캔틸레버 의자들의 개발로 이어졌다.[1] 바르셀로나 파빌리온(Barcelona Pavilion)에서 바르셀로나 체어(Barcelona Chair)는 한 건축적 진술의 핵심적인 부분이 된다.

하지만 구조 부재들의 공간적 배분에 관한 아이디어와 개념들은 의자 디자인에서도 시험되었는데, 게리트 토머스 리트벨트의 유명한 레드앤블루 체어(Red and Blue Chair)가 그 사례이다. 이 의자의 부재들은 평판 목재들로부터 쉽게 절단될 수 있었는데, 이는 동시에 그것을 대량 생산에도 적합하게 만든 요소였다.[2]

오늘날, 언급한 대부분의 의자들은 박물관에 배치되어 있고 여전히 유명한 가구 제조업자들에 의해 생산되고 있지만, 누구나 구매할 만한 좋은 가구를 만들겠다던 본래의 아이디어는 뒤집어졌다. 예를 들어 마르셀 브로이어의 바실리 체어(Wassily Chair)가 고급 수집 물품이 된 건 사실로 보인다.3 현대의 건축가들은 대개 스스로 이미 이름을 알리고 난 후에 한 의자 디자인을 의뢰받으며, 그 다음 그것은 하나의 트레이드마크로서 활용된다.

디지털 제조는 모더니즘의 본래 아이디어들을 되살리고 그것들을 더 진전시킬 기회를 제공한다. 베르나르 카슈(Bernard Cache)의 연구들과 같은 건축적인 가구에 대한 스터디들은 이론적인 체계를 기계 절삭 기술(milling technology)과 디지털 디자인 툴들과 함께 모으는 하나의 실험적인 기반으로서 의자의 잠재력을 활용하고 있다.[4]

게리트 리트벨트의 레드앤블루 체어

디지털 계획과 디지털 제조의 연결은 매우 중요하다. 지난 수십 년에 걸쳐, 건축적인 개념화와 그 실현 간의 간극은 늘어났다. 이제는 그 간극을 좁히는 게 가능해 보인다. 디지털 제조는 컴퓨터 보조 설계와 결합하여 디자인과 생산의 경계 없는 하나의 과정을 확립할 것을 약속한다. 합리적인 생산 비용으로 맞춤 제작과 변형이 가능하다. 디지털 툴들은 건축과 가구에서 새로운 형태들을 계획하고 제조할 수 있게 해준다.

이런 발전들은 건축 영역에서 중요하고 흥미로운 하나의 사건을 제시한다. 따라서 건축학도들이 이런 기술들을 접하게 하고, 그들에게 그것들의 중요한 용도를 교육하여 현 상황에서 갖는 그 기술적 한계들을 자각하게 하는 게 중요하다. 컴퓨터를 활용하는 건축 설계 및 제조 툴들로 치수들을 보다 쉽게 조작할 수 있다. 건축과 가구 간의 경계는 흐려진다. 대규모의 가구는 어디서 끝나고 소규모의 건축은 어디서 시작하는가?

1. Chrisitan Lange, Jan Maruhn and Otakar Marcel, *Mies and Modern Living*, 2008
2. Berry Friedman, *Gerrit Rietveld: A Centenary Exhibition*, 1988
3. Helen Castle, Furniture and Architecture, *Architectural Design* Vol. 72 No. 4 July 2002
4. Bernard Cache, *Earth Moves: The Furnishing of Territories*, 1995

디지털 제조와 지속가능성

Digital Manufacturing and Sustainability

해럴드 클로프트 박사(Dr. Harald Kloft),
카이저슬라우테른 공과대학교(TU Kaiserslautern), www.uni-kl.de/tek
osd 구조설계사무소 대표, www.o-s-d.com

산업 시대에서 정보 시대로 From Industrial Age to Information Age

최근 수년간은 건축에 광범한 형태적 자유를 가져왔다. 빌바오의 구겐하임 미술관, 그라츠의 쿤스트하우스, 혹은 심지어 베이징 올림픽 경기장과 같은 거대 구조물들은 관습적인 시공의 한계들을 밀어내며 디지털적으로 제조되는 건물 디자인을 향한 변화를 예고한다. 3D 모델링 및 건설 소프트웨어와 같은 디지털 계획 툴들과 더불어 CNC 기반 생산 과정들의 도움에 힘입어 대담하게 휘어진 형상들과 기하학적으로 복잡한 건물들이 요즘에는 실현이 가능하다. 이러한 "디지털 작업흐름"의 결과로, 설계 활동은 점점 더 시공 활동과 면밀한 관계를 맺어가고 있다. 건축과 엔지니어링, 그리고 건설(AEC: architecture, engineering and construction) 산업에서 이러한 변화의 확립은 이제 겨우 시작 중이다. 하지만, 자동차 제조와 같은 다른 산업들이 어떤 암시가 된다면, AEC 산업에서도 역시 이러한 변화는 널리 퍼져갈 것이다.

넓게 말해서 혹자는 이러한 변화를 산업 시대에서 정보 시대로 건축이 변화하는 것이라고 묘사할 수 있을 것이다. 산업화로 인해 기술적인 생산 가능성들은 상당히 증가했다. 동시에 산업화는 다양성의 감소로 이어지기도 했다. 대량 생산된 표준화된 건물 부재들이 건축이 개념화되는 방식을 형태지음에 따라 건물에서의 효율성은 모듈성과 반복성의 동의어가 되었다. 컴퓨터 기반 생산 환경에서는 다양성과 불규칙성이 더 이상 효율성의 아이디어에 배치되지 않는다. 오히려, 구조물들의 지역적인 다양화가 가능해졌고 이는 다시 다른 유형의 효율성을 가능케 한다. 지역 수요에 보다 면밀히 반응함으로써, 보다 복잡한 구조들은 동시에 자원-효율성(resource-efficiency)을 늘릴 수도 있다.

비표준 구조들 Nonstandard Structures

이미지 01

구조적으로 최적화되고 기하학적으로 명확히 정의되는 형태를 찾는 일은 디지털 이전 시대에 비표준적인 구조들을 실현하기 위한 하나의 필요조건이었다. 따라서 수동 모형들의 스케일을 조정하며 이루어지는 실험들에서 이중 커브 형태들이 종종 발견되는데, 예를 들어 펠릭스 칸델라(Felix Candela), 하인츠 이슬러(Heinz Isler), 에두아르도 토로하(Eduardo Torroja) 등의 셸 구조물들에서 나타난 바 있다. 이런 선구자들이 설계한 형태들은 모델에 기초한 형태 찾기 과정에서 발전되었고 응력 흐름의 규칙들을 따랐다. 이는 건축 설계 및 엔지니어링 논리가 형태적 조화를 이루면서 수학적으로 명확히 정의된 기하형상들로 작동되는 효과를 가졌다.

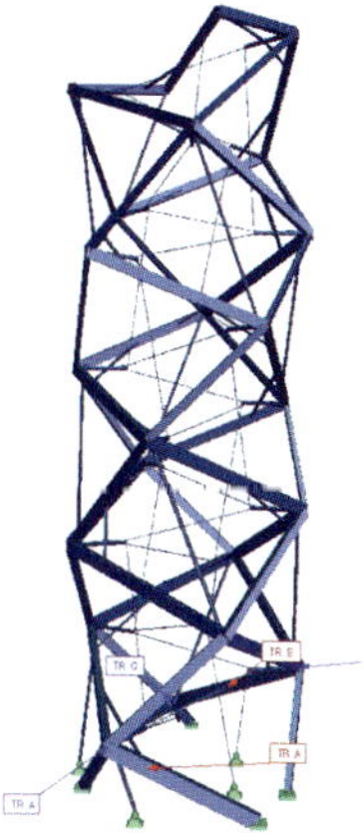

이미지 02

따라서 그런 형태들은 기술적이지 않은 이슈들에서 영감을 받은 형태 생성 과정들에 근거하여 설계된 형태들, 예를 들면 아키그램(Archigram)이나 프레드릭 키슬러(Frederick Kiesler)의 (대략 동시대에 생산된) 작업과는 정반대 입장에 위치한다. 프레드릭 키슬러는 "끝없는 집(Endless House)"의 설계를 하면서 그 형태에 대한 자신의 아이디어들을 시각화하기 위해 수많은 프리핸드 스케치들을 했다. 그의 자연주의적인 설계는 "모더니스트들의 입체주의적 건축에 대한 생물 형태적인(biomorphic) 응답이자 안티테제"로서 칭송되었다. 키슬러에게서 형태는 기능을 따른 게 아니라 비전(vision)을 따랐고, 비전은 실재(reality)를 따랐다. 그는 자기 아이디어들의 공간적인 복잡성을 전달하기 위해 조각가가 예술 작품 모형을 만들 듯이 실물 모형들을 만들려고 했다. 하지만 프라이 오토(Frei Otto)와 하인츠 이슬러의 프로젝트들과는 달리, 키슬러의 "끝없는 집"에서 형태는 구조적인 효율성이 아니라, 자연 환경 속에서 인간들이 차지하는 스케일에 의해 주도되는 세심한 비례화로부터 영감을 받았다.

뮈르 타워(Mur-tower)
설계: 로엔하르트 앤 메이어의 터레인 아키텍츠(terrain architects: loenhart & mayr)
구조 엔지니어링: osd 구조설계사무소
(01) 접합 부위 디테일 모델
(02) 타워 구조 모델
(03) 완공된 프로젝트

오늘날, 이 두 가지의 대비되는 비표준 구조 설계 방식들 - 구조적 최적화에 의해 주도되는 방식과 건축적 직관에 의해 주도되는 방식?은 더 이상 반대 입장에 서서는 안 된다. 디지털 제조 과정의 환경에서는 건축 설계와 엔지니어링 설계 이슈들의 통합이 계획적이어서, 하나의 새롭고 보다 복잡한 "형태 논리"로 귀결될 수 있었다. 즉, 자유로운 형태를 가진 현대 건축물들 중 대부분은 기술적 타당성과 생산 과정들의 최적화를 목표로 한 설계 과정 이후에 디지털 작업흐름이 시작된다. 그러한 디지털 작업흐름에서는 형태 생성 과정 이후에 "하향식(top-down) 3D 모델들"이 생성된다. 이러한 디지털 모델들은 모든 정보와 더불어 실현에 필요한 실행을 담고 있지만, 건축 설계 과정이 끝난 후에야 비로소 도입된다는 점에서 반동적인 (reactive) 도구들로서 설계되어 있다.

이미지 03

이와 반대로, 디지털 제조와 지속가능성의 통합이라는 주요한 아이디어는 건축 설계 과정 초기에 하나의 통합적인 설계 과정 속의 능동적인(active) 도구들로서 "상향식(bottom-up) 3D 모델들"을 생성하려는 목표로 가능한 한 많은 정보를 통합하고자 하는 것이다. 이러한 디지털 모델들은 처음부터 관련된 모든 이슈들을 다루기 때문에, 건축 설계가 기술적 타당성에 따라 조율된다. 게다가, 상향식 3D 모델들은 설계자들로 하여금 전 설계 과정에 걸쳐서 자기들의 설계 모델들을 최적화할 수 있게 하는 복잡한 정보 구조들로 설계되어야 한다.

자원 효율성 Resource Efficiency

재료 활용의 최소화를 목표로 하는 경량 구조물들에 대한 디자인 접근법들과는 반대로, 지속가능한 구조물들의 설계는 하나의 전일적인 최적화 과정으로 특징지어질 수 있다. 경량 구조물들이 건물 중량이라는 단 하나의 파라미터에 초점을 맞추는 반면, 자원 효율성에 기초하는 접근법은 많은 다른 파라미터들의 균형을 맞추는 것을 목표로 한다. 예를 들어 한 주택 프로젝트의 외벽 중량을 최소화하는 것은 방음이나 여름철 태양광 차폐에 대한 요구조건들과의 균형을 맞추기가 어렵다. 그러한 다양한 기준들의 최적화 과정들은 고전적인 수학적 프로그래밍만을 활용하여 해결할 수 없다. 건물의 경우, 물리적 모델들에 기초한 광범한 실험과 연구가 필요하다. 건물 내 재료 사용에 관한 타당성 있는 연구들은 평균적으로 80% 이상의 건물 재료 질량들이 내력 구조에 기대고 있으며 건물 재료 질량들의 분배가 가중 생산 에너지 입력 값(회색 에너지)의 투입과 밀접한 관계가 있음을 보여준다. 이런 맥락에서 자원 효율적인 구조들은 시공에서 지속가능한 개발을 위한 중요한 역할을 수행할 것이다.

자원 효율성의 아이디어란 환경적인 측면과 기술 개발을 함께 고려함으로써 건물에서 지속가능성을 재고하고, 디지털적으로 주도되는 설계 및 제조 과정들에서 더 높은 효율성을 실행함으로써 자원들을 절약하는 것이다. 과거에는 지속가능성과 하이테크와 같은 용어들이 양립할 수 없는 것으로 여겨졌지만, 오늘날에는 지속가능한 사고와 기술적인 혁신을 결합할 수 있는 거대한 기회가 존재한다. 디지털 제조의 툴들과 원리들을 활용하여 디자이너들은 복잡성을 제어할 수 있고 건축 설계 과정에 자원 보존적인 재료 흐름 관리를 도입함으로써 재료와 에너지 흐름을 통제할 수 있다. 그러한 자원 효율적인 설계 과정들은 특히 재료와 에너지에 있어서 효율적인 자원 활용을 목표로 지속가능한 구조들을 설계할 수 있는 잠재력을 제공한다.

디자인과 건축에서의 디지털 제조
digital manufacturing in design and architecture

편집 Asterios Agkathidis

저자 Asterios Agkathidis, Johan Bettum, Markus Hudert, Harald Kloft

역자 조순익(blog.daum.net/artsonic)

1판 1쇄 2010년 10월 15일

발행인 **김기현**
발행처 **시공문화사**
등 록 **1993년 3월 12일**
주 소 **서울시 서대문구 현저동 200 극동빌딩 5층(120-796)**
전 화 **02) 3147-1212, 2323**
전 송 **02) 3147-2626**
ISBN 978-89-5592-171-7
http://www.spacetime.co.kr, spacetime@korea.com

편 집 Design_Battery
인 쇄 예림인쇄사
제 본 한진제본
용 지 대림지업(주)

정가 9,800원